JN311054

いのちの科学を語る

4

チンパンジーの社会

西田利貞
Nishida Toshisada

東方出版

はじめに

本書の伝えたいメッセージは三つある。

一つは、野生チンパンジーの魅力を伝えること。私が野生チンパンジーの研究を始めたのは一九六五年なので、もう四〇年を超えた。連続して野外で同じ対象を相手に行われてきた動物研究としては、他にほとんど例がない。

「どうしてそんなに長い間続けるのですか」と問われることがある。その理由は、何度マハレへ行っても新しい発見があるからである。つまり、「もうこれでチンパンジーのことはわかりました」という段階に至らないのだ。大学院の学生は修士課程で数ヶ月、博士課程で一年間マハレに滞在して博士論文を書くことが多い。初めてアフリカでチンパンジーを観察した院生が、「センセイ、こんなことをしているのを見ました」という。それが四〇年かけたのに私が一度も見たことのない行動だということがよくある。それほど、チンパンジーの行動は変異と融通性に富む。

二つ目は、野生チンパンジーの観察から、約六百万年以前に生息していたチンパンジー（ピグミーチンパンジーを含む）とヒトとの共通祖先がもっていた行動を再構成すること。これら三種が共通にもっている行動は、共通祖先ももっていた行動である可能性が高く、人間性の一部として深く根づいている性質と考えてよい。メスの移籍と父系社会、オスの政治好きや日和見的連合、殺人、長続きするメスの友人関係、集団間の敵対性、道具使用能力、肉食、食物分配、子守と養子取り、等々。

ところが、二〇世紀の高度文明社会は、六百万年どころか二千万年前からの遺産を捨てるという大失敗をしでかそうとしているのである。それは子育てが母親だけに任された孤立した作業になっていることだ。マンションなどで母親だけが孤立しておこなうことが多い。また、異年齢の子どもたちが接する機会が乏しいということである。この「高度」文明社会の問題点をチンパンジー社会から論じることもしたい。

一方、共通祖先がもっていず、ヒト独自の行動とおもわれるものは、すでに文化人類学によって指摘されている。しかし、サッカーのような集団対抗ゲームというものがヒト独自であるということは指摘されてこなかったとおもう。集団対抗ゲームに人類が熱狂するのは、戦争志向性というヒトの特徴と関係があるのではなかろうか？　それもまた、進化の産物であるという可能性が高い。本書では、これまで類書ではほとんど扱われなかったチンパンジーの遊びについて紹介したい。

三つ目は、研究がおこなわれてきたタンザニアでの住民の生活や、チンパンジーの保全との関係、そして日本人を含む高度産業社会と途上国の生活の関係である。

マハレでは、車や電話がないので、いつも鳥やセミの声が聞こえている。夜の星空の美しさには息を呑む。

これらは、文明が失ったもののうち、まず気づくことである。伝統生活から離れて、文明社会はなにを失ったのか、どうすれば取り戻すことができるかを考えるべきだろう。私は文明と未開を往復するという贅沢な生活を送らせてもらった。せめて、そこから得られた文明批判くらいは残すべきだろう。

●目次

第2章　チンパンジーの集団について
——集団内での関係、集団どうしの関係

第4章　チンパンジーの一生
――オスは出世競争、メスは年功序列

第5章　一日の生活と性行動
——食事と睡眠が中心の生活、交尾時間はわずか七秒

第6章　チンパンジーの食生活
——一日二回、集まらないけど同時に食事

第7章　チンパンジーの文化
――地域によって行動が違う

第8章　「騙し」と「遊び」

——詐欺も戦争も太古の昔から？

第9章　チンパンジーの森と地球を守るために
——持続可能な社会と地球人口問題

第1章　なぜ、野生のチンパンジーを研究するのか

――「共通祖先の復元」をめざして

人類の祖先の姿をさぐるために

野生のチンパンジーを研究する意義をまずお話しします。

人間に近い動物を調べることによって、ヒトと他の動物はどこが違うか、人類の祖先の様子はどうだったのか、また人類はどのように進化してきたのかを明らかにするのが研究の目的です。

人類の祖先の化石はいろいろ出ていますから、姿形だけならそこから復元すればある程度のことはわかりますが、私たちが知りたいのは祖先たちがどんな生活、行動をしていて、どんな社会を形作っていたかということなのです。

骨盤や足の化石を見れば二足歩行をしていただろうとか、頭蓋骨が小さければ脳も小さいから、学習能力は低かっただろうとか、その程度のことは言えます。でも実際の行動、とくに社

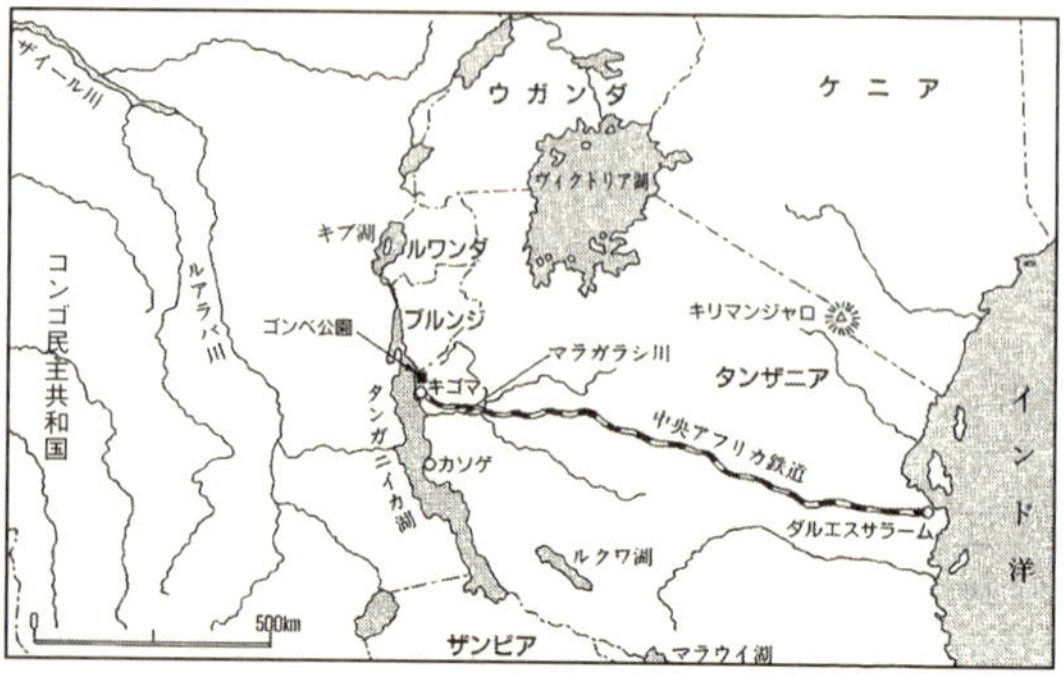

会行動はほとんど復元できません。

アフリカのインド洋に面した側にタンザニアという国があります。その西側の国境にタンガニイカ湖という大きな湖があって、私はその湖に半島のように突き出したマハレ山塊という所に住むチンパンジーたちを観察し続けてきました。観察開始は一九六五年ですから、もう四〇年以上になりますが、今でもどんどん新しい行動が見つかっています。これからいろいろお話ししますが、人間に非常によく似た行動レパートリーもたくさんあります。

人類の進化の道筋を明らかにするというのは、人類学という学問の最大のテーマですが、チンパンジーというヒトに非常に近い生き物の生態を調べてみて、ヒトと共通する行動や性質があるなら、それはきっと彼らとヒトの共通の祖先も持っていたものだろうと考えられるわけです。お断りしておきますが、チンパンジーがヒトの祖先であるということではありません。ヒトとチンパンジーは最も近い共通の祖先を持っているということです。

チンパンジーの生態の観察を通じて、ヒトの祖先がどういう生活をしていたかを知ろうということです。要するに、ヒトと他の動物との最後の共通祖先の社会を復元し、ヒトの社会構造の起源をさぐる。これがチンパンジーの野外研究の大きな目的です。

人間とチンパンジーは非常に近い生き物

チンパンジー、ボノボ（＝ピグミーチンパンジーあるいはビリヤ）、ゴリラ、オランウータンの四種類を「大型類人猿」と呼びます。種の数で言うと、ゴリラはヒガシゴリラとニシゴリラで二種、オランウータンもスマトラオランウータンとボルネオオランウータンに分けられて二種いますので、合計六種です。大型類人猿が人類に最も近い生き物だろうということは、ダーウィンの時代から言われていました。ただやっぱりヒトだけは特別な生き物で、他とはかけ離れているはずだという考え方が、長い間支配していました。

ところがＤＮＡの研究が進んで、ヒトと類人猿のＤＮＡを比べられるようになると、驚くべきことにチンパンジー属、つまりチンパンジーとボノボですが、彼らはゴリラよりも人間の方に近い生物だということがわかったわけです。

生命の進化の歴史の中で、チンパンジー属とヒトが分かれたのは六〇〇万年前ごろと考えられます。六〇〇万年前といっても、三〇億年という生命進化の歴史から見れば、ごく最近の出来事です。つまりヒトとチンパンジーは、お互い「親戚」とか「いとこ」と言ってもいいぐらいの存在なのです。

日本の霊長類研究はニホンザルから始まった

チンパンジーの研究に至るまでの話をしておこうとおもいます。日本は霊長類の研究がさかんな国ですが、その発端はニホンザルの研究からでした。ニホンザルは類人猿ではありませんが、オナガザルの仲間ですから生き物全体の中では、やはり人間にひじょうに近い生き物といえます。

日本の霊長類研究の創始者は生態学者であり、人類学者でもあった今西錦司先生ですが、その今西さんがサルに注目したきっかけは、宮崎県の都井岬というところで、半野生のウマの研究をされていた時、たまたま遠くをサルが行列になって通るのを見かけたことなのです。

今西さんは、霊長類学のパイオニアである、カーペンターというアメリカの研究者が一九三〇年代に書いた論文を読んで以来、霊長類には強い関心を持っていました。「サルにも社会があるといえるのではないか」とお考えになりました。

その研究が飛躍的に発展したのは、大分県の高崎山と宮崎県の幸島で餌づけが成功し、個体識別による長期研究が始まったときです。阪大のグループも一九五八年には岡山県の勝山で研究を始めました。また、一九五〇年代から六〇年代にかけては、日本の高度成長が始まった時期でもあります。国民の生活が豊かになって、観光ブームが起きたんですね。するとニホンザルのいる観光地ではそれを観光客に見せて、観光資源にしようというので、各地で餌づけをやりだしたのです。

観光地の人たちはうまくサルを集めるにはどこにエサを置けばいいかなど、そういうノウハウがわからない。そこで京大の研究者に相談が持ちかけられたり、「指導してほしい」と呼ばれたりしたらしいですね。

それで、今西さんをリーダーとする「霊長類研究グループ」のメンバーが、日本のあちこちに行き、ニホンザルの行動を地域間で比較するという研究もできるようになりました。

血縁が社会を形作る

するとニホンザルはそれまで考えられていたより、人間と共通するいろんな行動や性質を持っていることがわかってきたのです。例えば血縁者は近くに集まっているというのがそうです。それからサル同士の順位を決めるときでも、一対一でどっちが強いか決めるのだろうと思っていたら、実は第三者の影響がけっこう強いのですね。一対一でケンカしたら負けると思われるサルの方が、順位が高かったり。つまり、味方がいると順位が高くなるようなことが、あるわけです。

たとえばお母さんザルがいて、娘が二頭いたら、お姉さんより妹のほうが順位が高くなります。どうしてかというと、まだ小さい妹とお姉さんがケンカすると、お母さんは弱い下の子の方をいつも応援するのです。それで毎回応援しているうちに、お姉さんは妹とケンカになったら「あ、お母さんが出てくるな」というので引き下がってしまい、低い順位が固定してしまう。だから三頭以上の姉妹なら、末っ子が最上位、一番上の姉さんが最も順位が低いというようなことが、観察していてわかってきたのです。

それから、どの家族に生まれるかによっても順位が違ってきます。ニホンザルの家族は母系で、お母さんの順位にすべてがかかってくるのですね。例えばAとB、二つの家族があったとして、B家族のお母さんがA家族のお母さんより順位が高かったら、B家族の子供はA家族のお母さんよりも、順位が高くなります。

A家族の母親とB家族の母親が姉妹だと考えてください。彼女たちが年をとって、孫まである母系家族をそれぞれ作ったとします。すると妹Bの家系は姉Aの家系より、順位が高くなるのです。子ザルなのに大人より順位が高いといったことが起ります。

これはその後、他のいろんなサルでもわかってきたことです。もっとも、屋久島などでは、お姉さんが妹より高順位という群れもあることが最近わかってきましたが。

ニホンザルは「メス社会」

大分県の高崎山の初期の研究では、ニホンザルの社会はオスが群れを支配している「ボス社会」だろうと考えられていたのですが、研究が進むとメス中心の社会とわかりました。

集団で生まれたオスは、四～五歳になるとどこかへ出て行ってしまいます。そのかわり、別のオスがよそから入ってきます。しかもそのオスはその後ずっとその集団にいるわけではなく、たいていは五年ぐらいたつとまたどこかに消えてしまう。だからその群れにいるからといって、その群れの出身のオスということにはならないのです。

それは個体識別、つまりそれぞれのサルの顔を覚えておのおのの行動を観察することでわかってきたことです。個体識別せずに漠然と見ていると、いつもオスが食べ物を取ってしまうから、オスが威張っていて群れを支配しているように見えるのです。でも個体識別したらオスはどんどん入れ替わっていた。だからニホンザルでは集団をずっと維持しているのは実はメスだとわかったわけです。

サルを顔で見分けたのは、日本が最初

そういう長期間観察することと、多くの集団を見て比較することと、個体識別すること、こ

れらの方法が日本の研究の特徴で、その結果ニホンザルで大きな成果を得たわけです。

一頭一頭のサルを区別して見ていくということ自体は、日本の発明ではありません。さきほど紹介したカーペンターは個体識別して研究していました。でもそれは身体に入れ墨をするなどという方法であって、それぞれのサルの顔を覚えるなんて、考えもつかなかったらしいです。

でも川村俊蔵さん、伊谷純一郎さん、河合雅雄さん等が研究を始めたときは、誰に言われるでもなく、これはそれぞれ顔が違うなということで見分けていた。もちろん入れ墨なんてまったくしませんでした。

ですから最初の頃は、欧米の研究者から信じてもらえなかったようです。「日本人はサルを顔で見分けているというが、そんなこと不可能だ」と言われてね。でも今では欧米人も顔で見分けられるということに気づいて、その方法で研究しています。

動物を顔で見分けるという発想が、欧米にはなかったというわけではありません。

欧米にはサルが住んでいないので、親しみがなかったのではないかとおもいます。日本の文化というか、日本人特有のものの見方が影響しているとよく言われますが。たとえば、ジェーン・グドールさんは日本の研究を知らなかったはずですが、チンパンジーを個体識別しましたからね。

海外の大型類人猿の研究へ

そんなことで、ニホンザルに関してはいろいろわかったのですが、ニホンザルは霊長類だけど類人猿ではない。やはり人類に一番近い大型類人猿を研究したい。でも日本にはニホンザルしかいない。

最初にも言った通り、大型類人猿にはチンパンジー、ボノボ、ゴリラ、オランウータンがいるわけですが、今西さんは、最初はオランウータンを研究したいと考えたらしいです。当時はオランウータンについての研究はまだなかったので、やれば世界初になるということもあってね。登山家の今西さんにとっては「初登頂」はなにより夢ですから。

ところが、オランウータンはいつも木の上の高いところにいて、なかなか地面に降りてこないのです。それで餌づけは難しいだろうということで、ではアフリカのゴリラか、チンパンジーにしようとなった。

それでゴリラと決まったのですが、その大きな理由は、今西さんは「家族の起源」ということに興味を持っていたのです。その点、ゴリラはどうやら一夫多妻の家族を持っているらしいという、初期の研究がその頃すでにあったのです。

しかもゴリラは一番地上性が強いのですね。だから餌づけもうまくいくだろうと。

それに対し、チンパンジーはどこが研究の適地かその当時はまだまったくわかっていなかった。それで「家族の起源を研究するにはゴリラが一番いいのではないか」ということになって、一九五八年に第一回の「ゴリラ探検」がおこなわれたのです。私がまだ高校の三年生の頃です。ゴリラ探検は翌年と翌々年にもおこなわれましたが、コンゴ動乱が起き、政治的に不安定になってしまったので、研究を続けるのは無理だろうということになった。それで探検三回目の六〇年に、タンザニアのチンパンジーに変更することが決まったのです。

調査隊員となってタンザニアへ

私個人としての話をすれば、私が京大の理学部の学生だったときに、調査に行かれた先生方がゴリラ探検の本を出版されました。今西さんが『ゴリラ』、河合さんが『ゴリラ探検記』それから伊谷さんが『ゴリラとピグミーの森』という一般向けの本を、それぞれ出された。僕はそれを読んで「これは面白い」と思ったわけです。

動物は好きでしたが、私自身はもともと、類人猿に興味があったわけではないのです。探検に魅力を感じていて、未開地に行きたかったのです。アマゾンとかボルネオとかアフリカとか、そういう未踏の地にあこがれがありました。

でもその頃は今と違って、一般人は海外なんてめったに行けない時代ですし、アフリカなんて夢のまた夢という感じでした。でもそのゴリラ探検の話を読んで「類人猿の研究をやれば、アフリカに行けるかもしれない」とおもったのです。

ただ本当は、未開地に昔から住んでいる人々を研究したかったのです。でもとりあえず類人猿を研究して、数年たったら原住民の研究に移れるんじゃないかとおもったんです。人類の社会や行動について非常に興味がありましたから。

でもどちらの研究にしても人類学の一環ですし、今西さんが追い求めていた「人間家族の起源」というテーマは、非常に雄大な研究だなと思ったので、京大のアフリカ類人猿学術調査隊の一員になり、一九六五年にタンザニアのマハレに行ったわけです。ちょうど隊長が伊谷さんに替わったときで、私を含め三人の学生が、タンガニイカ湖周辺の各地で調査をすることになりました。

チンパンジー餌づけの試み

それで私はマハレ山塊の麓、タンガニイカ湖畔のカソゲという所で、まずはチンパンジーを餌づけしようということで、人を大勢雇って、サトウキビ畑を作るところから始めました。というのもその村には「サトウキビ畑を作ったらチンパンジーに荒らされた」という話があったからです。

チンパンジーなど群れで行動する霊長類は、毎日違う場所に泊まり、かなり広い範囲を動き

サトウキビ畑づくり

回ります。京大隊の調査の結果わかったことですが、チンパンジーの場合、最低でも二〇平方キロぐらい、広いと四〇〇平方キロにも及ぶと言われています。

そういう面積の中に、四〇頭ぐらいしかいない場合もあります。そうなると見つけるだけで大変で、ちょっと探す気にもならない。

でも餌づけしてしまえば、そこに規則的に来てくれるので、われわれはそこで待ち構えていればいい。しかもそこに彼らが非常に好むような、栄養価の高くて甘い食物を置けば、それに依存するようになって、毎日観察できるようになります。

そこで、以前は村人のトウモロコシ畑だった土地に、チンパンジーのためのサトウキビ畑を作ったのです。そこにチンパンジーをおびき寄せて、慣れてきたら畑の一角を餌場にすればいいとおもってね。畑の面積は一ヘクタール以上ありました。

でも作ったら、チンパンジーだけでなくイノシシや「ケーン・ラット」という大きなネズミなんかが次々に来て、サトウキビはどんどん食べられてしまったのです。一番困ったのは「ブッシュピッグ」というイノシシで、そいつが来ると一晩の間に五〇本ぐらい食べられてしまう。

餌づけに成功するまで

それで「どうしたらいい」と現地の使用人に聞いたら、「柵を作れば防げる」と言うわけです。しかし待てよとおもってね。私はサトウキビを作って商売するわけでなく、チンパンジーに食べさせて餌づけしたいわけです。柵を作っても、それでチンパンジーが怖がって入って来なくなったら、なにもならない。

それで「他の手はないか」と言ったら「では小屋を作って誰か泊まって、寝ずの番をするしかない」という話になった。でもそれは昼間仕事をしている人にはできませんよね。

そしたら、その時私は村のある家に下宿していたのですが、そこの人が「うちの爺さんがやってもいいと言っている」と言ってくれたのです。爺さんといっても、まだ六〇代ぐらいの人だったとおもいますけど。

ではその人に頼もうということになって、畑の真ん中に小屋を建てて、泊まってもらったのですが、これが寝ずの番どころかぐっすり寝てしまってね。全然役に立たない。すぐクビにして、「謝礼を出すわけにいかない」と言ったら「いや、泊まったことは泊まった」と言い出して話がもめました。紹介者が仲介するまま、仕方なく半額だけ謝礼を出して、その後は結局私が泊まりました。

ただ本当に徹夜で番をしていると昼間に仕事ができないので、目覚まし時計をかけておいて、イノシシが畑を荒らしに来そうな夜中の一時二時ぐらいに起きて、灯油の空き缶をガンガン叩いて「こらあっ」とか言って追い払うわけです。

しばらくはそれでやっていたのですが、これではさすがに疲れるので、もう一度若い人を二人雇って番をしてもらい、それで何とか夜中の畑荒らしは食い止めました。

チンパンジーがその畑を荒らし始めたのは一九六六年の三月ごろですね。初めは畑の中で何か黒いものが動くので、チンパンジーかなと思って近寄ると逃げてしまう。そこで畑から一〇〇メートルぐらいの距離を置いたところにやぐらを建て、そこから観察するようにしました。

餌づけから追跡調査へ

一九六八年には、もう一つの集団が同じ餌場で餌づきました。そうやってまずは餌づけから始めたのですが、その後は徐々に追跡による調査に切り替えていきました。一九六九年には日本からもう一人、川中健二君も調査に加わったので、二人で分担して複数のグループを観察するという形にして。

ですから餌場に来るのを待ちかまえて見るという方法は、あまりやらなくなっていきました。置くエサもだんだん減らしていきました。チンパンジーの自然な状態の生活が知りたいわけですから。

ただ初めの頃は追いかけてもすぐ逃げてしまうので、餌場に来るのを見るしか仕方なかったわけです。でもチンパンジーたちもある程度われわれに慣れて、怖がらなくなってきたので、追跡し始めたわけです。

追跡しだして最初の頃は、サトウキビを持って行きました。自分で持ち運べるのは二〜三本ですが、アフリカ人のアシスタントもいるので、そっちにも三本ぐらい持たせてね。そのうちに手にはサトウキビを持ち、リュックに二〇本ぐらいバナナを入れて行くようにしました。エサ全体もサトウキビからだんだんバナナに切り替えていったんです。バナナはどこでも簡単に入手できますので。

そうやってサトウキビやバナナを持って、山の尾根の上あたりまで行ってチンパンジーを呼ぶんです。そしたらチンパンジーがワーッと返事してこっちへやって来てくれる。これは便利だということで、そのやり方を「移動餌場」と呼んでいました。

チンパンジーの真似をして「オホッ・オホッ・オホッ・ウワー」という、「パント・フート」という鳴き声で呼んでいました。後から考えれば、別にそんな真似をしなくてもよかったんじゃないかとおもいますが、最初にそうやって呼んだので、その後もずっとそうしていました。ラマザニという助手が始めたことです。

それで彼らが大騒ぎしながらやって来てエサを食べて、それがなくなるとまたどこかへ動いて行くので、その後を追跡するというやり方で調査を進めていきました。

餌づけの悪影響

ただ、最終的には移動餌場も含めて、餌づけは一切やめたんです。人間が餌をやるというのはいろいろ問題があります。ずっと餌場に来るようになると、それまでの彼らの自然な遊動パターンが変わってしまいます。

また、彼らが一生に何頭子供を生むかという、そういう基本的なことまで変わる恐れがあります。ニホンザルの場合、野生の状態なら出産はだいたい二年に一回です。ところが餌づけすると栄養状態が良くなって、出産が毎年になることが多くなる。するとサルの数がどんどん増えて、集団の中で攻撃行動が増えるなど、いろいろ影響があることがわかってきたのです。

餌づけが彼らの社会を変えてしまうわけです。通常はニホンザルの集団というのはせいぜい五〇頭ぐらいの大きさですが、高崎山は千頭の集団ですから。そんな集団になるともうサル自身が、個体識別ができていなくて、若いサルがヒトリザルと間違えてボスを攻撃してしまったりなどという状態になったらしいです。

そういうことからいっても、やっぱり餌づけはよくないということですね。チンパンジーの方も、一九八七年には完全にエサを与えるのをやめました。餌場に置くのはもっと早くにやめていたんですが、移動餌場も一切やめました。

その理由の一つは病気です。チンパンジーとヒトは最も近い生き物なので、共通の病気がいっぱいあります。例えば向こうでもインフルエンザがはやることがあって、村人が風邪をひいている同じ時に、チンパンジーも風邪をひいていることがあったので、われわれからうつっているんだったらまずいなと。

人間が手で持ったものを与えるわけです。病気の人間が与えなければ大丈夫だろうとはおもいますが、やはりちょっと危ないんじゃないかと、完全にやめました。

私たちの研究では、彼らがどんな環境の中で淘汰され進化してきて、生活をしているのかを知りたいのです。だからできる限り自然条件であることが大事であって、こちらはなるべく干渉しない。その点エサを与えると、淘汰ということにも影響を与えてしまいます。

長期観察でわかってきたこと

そうやって餌づけ段階から後、ずっと追跡していくと、やはり長期間観察しなければわからないことが、いろいろ明らかになってきました。

たとえば何歳ぐらいまで生きるのか、何歳ぐらいの時によく死ぬのか、あるいはオスとメスの死亡率に違いがあるかなど、要するに人口学的なことですが、そういったデータが少しずつ集まってきました。

チンパンジーの成長段階についてもいろいろわかってきました。たとえば成長は遅く、一方長生きです。グドールさんの初期の予想では三十数歳が寿命とされていましたが、今はもう四〇歳を超えているのがたくさんいますし、しかも四〇歳を超えて出産するメスも結構いるのです。チンパンジーの一生は後でまたまとめてお話しします。

それから群れの第一位のオス、ボスというかリーダーオスですが、その交代劇は何度も見ました。これも非常に面白いです。

チンパンジーの社会構造や社会性というのは、普段の生活だけを見ていてもなかなかわからないんです。時々毛づくろいして、またバラバラになって、食物を食べてというだけですから。

ところがリーダーの交代劇のような大きな事件が起ると、彼らの隠れていた社会の特質が見えてくる。やはり長期の観察でないと、そういう機会にもなかなかめぐり合えません。普通は生物学の手法というと、実験室で実験するという形ですが、われわれがやっているのは観察であって、実験ではありません。だから、長期観察する必要があります。

私たちはヒトの知能がチンパンジーにもあるかということを研究しているのではありません。知能という面では、自然環境での彼らの食生活や社会生活にとって彼らの知能がどう適応しているのかにより大きな関心があります。また、最初に言ったように共通祖先の社会の復元がおもな目的ですから、彼らの社会に手出しをせずに観察、研究していく必要があります。そのためには、彼らの生息地での様子を長い時間をかけて見る以外にないのです。

第2章　チンパンジーの集団について

――集団内での関係、集団どうしの関係

チンパンジーに「家族」はあるのか？

研究の初期のころに話を戻しますが、餌づけして餌場で観察できるようになって、まず知りたかったことは「チンパンジーには家族があるのか」ということです。

追跡して調べようとしても、その頃はまだ彼らもこちらに慣れていなくて、逃げてしまうので全然わからない。ですから餌場で日々観察して、個体識別をしてそれぞれのチンパンジーのカードを作り、誰と誰が一緒に来るかといったことから、彼らにはどういう集団があるのかを確かめていったわけです。

するとたとえば、今日はAとBとCが来たが、次の日はBCDが来てAがいなかったり、Bがひとりで来たりという感じなんですが、全体の数としては二一頭で止まってしまったんです。もうそれ以上、新顔は来ないという結論になった。

餌づけを始める前に近くの地域を見回った時に、四〇～六〇頭ぐらいはわりと近くを徘徊していることがわかっていたので、そのぐらいは餌場に出てくるだろうと思っていたんです。しかし二一頭しか来ない。だから、その二一頭で一つの集団をつくっていて、その中からいろんな組み合わせで出てくるんだろうと、一応わかったわけです。

ただそれは一九六六年の結果で、六七年にはもう少し増えて二七頭になりました。そこからはもう増えなくて、最終的に二七頭のグループだということになったわけです。

「家族」が見当たらない

それで今度は「サブグループ」または「パーティー」と言いますが、そのグループの中から誰と誰がよく一緒に餌場に来るかという、一時的な小グループのデータをずっと集めていったんです。するとどうやら母親と子供とおもわれるようなチンパンジーは、確かによく一緒に出てくる。でもそれ以外は、サブグループはメンバーも頭数も一定していないんです。集合離散を繰り返している。

今西さんは当初「ファミロイド（類家族）」といって、彼らにはなにか人間の家族の原型みたいなものがあるはずだろうと考えていたわけです。でもいくら見てもそんなものはない。母子は一緒に出てきますが、それでは家族とはいえません。もし家族なら、大人のオスと大人のメスが一緒に出てこないといけないでしょ。

サブグループのデータを何百と集めたのですが、夫婦をおもわせるような組み合わせは出てこなかったのです。

彼らの性行動は乱交的だということもわかりました。特定のオスと特定のメスだけが頻繁に交尾するのではなく、いろんなオスメスの組み合わせで交尾している。それも他のオスやメスが見ている前で交尾することが多いのです。だから子供の父親は誰だかまったくわからないわけです。子供は誰がお父さんか知らないし、父親も誰が子供かわからないのです。

メスにしてもいろんなオスと交尾していますから、できた子供の父親がどれかやはりわからないわけです。当然、見ている私たちにもわからない。結局は最近になって、DNA鑑定ができるようになるまで、父子関係がどうなっているのかはまったくわからなかったのです。

「そんなことはないだろう！」

そのうち、いったん日本に帰っていた伊谷さんがまたアフリカに来ることになって、私は汽船でキゴマという町まで行って、そこで落ち合うことになりました。伊谷さんは八月の夏休みごろに来て、われわれ院生のそれぞれの基地を巡回したのです。

汽船があると言っても、マハレから二〇キロのムガンボという所まで行かないと乗れません。

しかもそのムガンボとキゴマを結ぶ便は一ヶ月に二回しかなくてね。マハレというのはそのぐらい非常に不便な、もう文明から隔絶されているという感じの、本当の奥地でしたね。

郵便は届きますが、日本とやりとりしようとしても手紙は航空便で往復一ヶ月、船便だと四ヶ月から六ヶ月かかります。だからなにか欲しいものを日本へ書いて送っても、半年後ではもう忘れた頃に来るという感じで、ぜんぜん間に合わない。だから日本からの物資はほとんどなにもなしで、現地調達でやってましたね。

一九六六年の夏伊谷さんがやって来ました。私はその一ヶ月に二回しかない汽船でキゴマまで出ていきました。それで波止場にいる伊谷さんの姿を見てすぐ、船の上から「ファミロイドなんてありませんよ!」と大声で言ったんです。そしたら即座に「そんなことはないだろう!」と怒鳴り返されましたね。

伊谷さんとしても、何か家族みたいなものは絶対あるはずだとおもっていたのです。私もあるはずだとおもって観察していたのに、そんなものは全然ない。これはこの後どうしたらいいのかとおもいましたが。

「家族」とは何か?

では、チンパンジーの集団はどういうものと考えるべきか、そういう問題になってきたわけです。たとえば、ニホンザルの群れと同じようなものなのか。もちろんチンパンジーの集団は離合集散しますから、まずそこが違いますが、それ以外に違うことはないのかということです。

伊谷さんの考えは、家族はないけれど、いくつかの家族が集まったようなもので、しかし夫婦の関係は別に決まっていない、そういう集団でないかと。そして、プレバンドと名づけられました。ところで、家族というのは一夫一妻でも一夫多妻でもいいんですが、まず夫婦の間で社会的に認められた一定の契約関係のようなものがあります。独占的な性関係が認められていること、子供はその二人の間のものであること、あるいはどう役割分担するか、結婚後どこに住むか、どう財産を分配するかなどです。それはもちろん文化によっても違いますが、そういったことを定める規則があるということが必要です。

しかもオスとメスと子供のグループがあるというだけではなく、そのグループ内での性行動を回避すること、そしてそのために、他のグループとの婚姻関係がないといけない。つまり、他の家にお嫁に行くなり、お婿に行くなりといったことですね。

協力関係で結ばれたいくつかのグループの集まり（コミュニティと呼ぶ）がある、という条件も必要です。そういう条件をみな備えているものを、「人間家族」と呼ぼうと今西さんが提唱されたわけです。

たとえばテナガザルは一夫一婦で子供もいて、一つのグループですが、隣のグループとはまったく仲がよくないのです。それぞれ縄張りを持っていて、もしその縄張りに誰か近寄ってきたら攻撃しますし、そもそもお互いに近寄らないようにしています。協力関係はまったくありません。

縄張り維持のために夫婦で大きな声で鳴きます。「ここに自分たちがいるぞ」ということを周囲に知らせて、お互い距離を取ることで、不要な争いを避けている。でもそれではコミュニティがないわけで、人間の家族とは違うわけです。

新たなチンパンジー集団の出現

それで、チンパンジーには父親を含んだサブグループは見られないので、家族はないけれども、どうやら何十頭かの基本的な集団（グループ）はあるらしいということが、しばらく観察していてわかってきました。

ただ、私の五年ほど前からタンザニアで調査をしていたジェーン・グドールさんは、ゴンベ公園という一五〇頭ぐらいチンパンジーがいるところで調査していたのですが、そっちでは当初「社会の単位としては母子関係以外にはなにもない」と言っていたんですね。

しかし私はなにか「単位集団」と呼ぶべき、数十頭の集団があるんじゃないかとおもった。それは実際にそうだったのですが、それを確かめられたのはまったくの偶然だったのです。

なぜかと言うと、私が餌場にした場所が、たまたま二つの集団の縄張りが重なりあう場所だったのです。

最初に餌づいた二七頭を「Kグループ」と呼んでいたのですが、実は私は偶然その縄張りの南の端に、サトウキビ畑と餌場を作っていたのです。最初はそんなことまったく気づきませんでした。Kグループしか来ませんでしたからね。

彼らが餌づいてしばらくたった頃に、突然南の方から大群がやって来たのです。それで追跡しようとしたら、私の姿を見るなりすぐ逃げてしまう。Kグループならもう私のことはある程度知っていて、姿を見せたぐらいでは逃げなくなっていましたから、「これはおかしいな」とおもって彼らの顔を見たら、知ってる顔が全然ない。

「あれ、これは違う集団が来たのかな」とおもったのですが、そしたら最初に私が見つけたKグループはどうなったのか。当初はわけがわかりませんでした。

もしかしたら、私は最初に大集団の一部だけ餌づけして個体識別していて、今になって別行動をしていた連中が合流したのかなともおもったのですが、しばらく観察を続けてもやはり全然知っている顔がいない。

それで、やはりこれは別グループであって、ジェーン・グドールが最初「チンパンジーに母子以外には家族の単位はない」と言っていたのはどうも違うなと。

発見——集団どうしは敵対的

それでKグループを探しに行きました。ただその頃はまだ道があまりできていなかったので、タンガニイカ湖をボートで移動しました。後になって追跡や観察をするための観察路をたくさん作りましたが、その頃はまだ私一人しか日本人がいなかったので、あまり観察路を作れていなかったのです。

一九六七年一一月のことですがボートで北上してみたら、三キロぐらい離れたところにKグループがいたのです。彼らは結局、南からの新しいグループが北上してくると、それを避けて北の方に移動するということを繰り返していたのですね。それで二つの集団があって、お互い仲がよくない、敵対的関係にあるということがはっきりしたわけです。

まとめればチンパンジーは、まず離合集散するということ、それからファミロイドがないということ、それから集団間は敵対的であるということが、餌場を作って餌づけしてみて最初にわかったことです。

新しいグループは八〇頭ぐらいでしたね。それはMグループと名づけて、今でも追跡調査しています。

でも本当に運がよかったです。ちょうどKグループとMグループの縄張りが重なるところに偶然に餌場を作っていたので、それで集団間は敵対的であって、優劣関係があると、私の調査地で初めてわかったわけです。もし私が、Mグループの縄張りの真ん中に餌場を作っていたら、Mグループしか観察できませんから、そういう集団間の関係はなかなかわからなかったでしょうね。ジェーン・グドールも七三年になって、やっぱり、確かにそういう単位集団があると認めました。

発見――チンパンジーはメスが移籍する

もう一つ、私が初期の頃に発見したことは、チンパンジーの集団はニホンザルと違って、メ

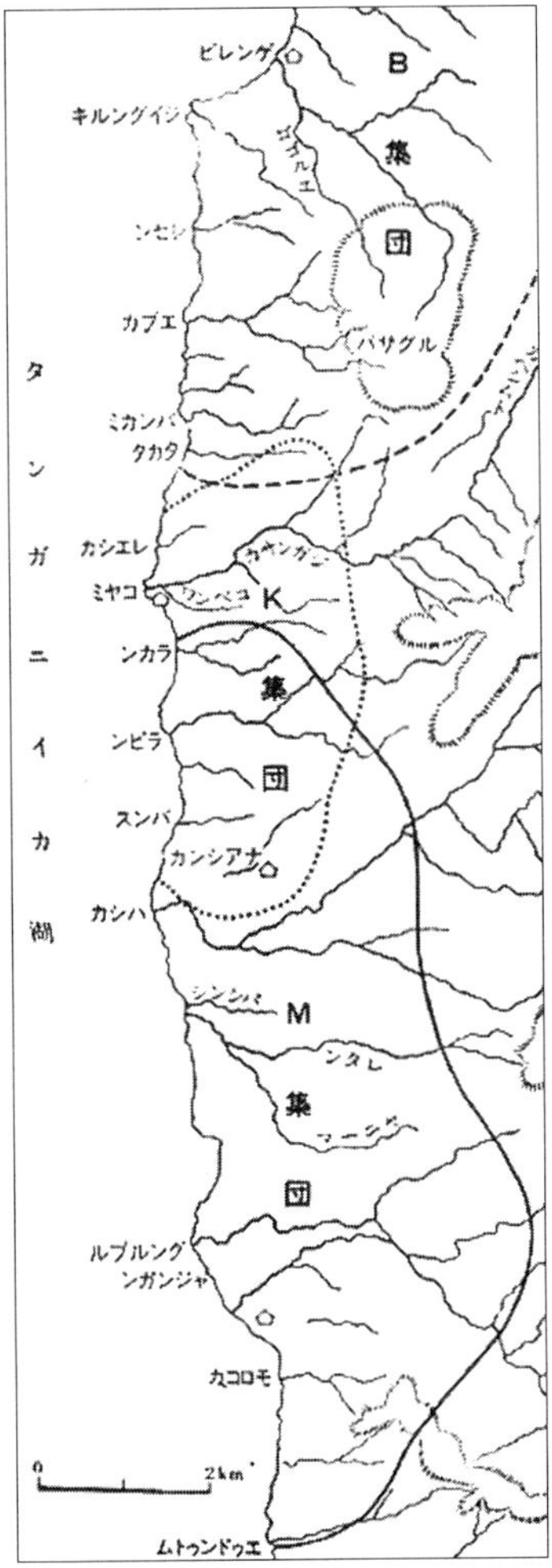

各集団（グループ）の遊動域

スがよそから入ってくるのです。オスは動かない。

一九六八年にもKグループ以外に、Mグループを追跡調査しました、ところが、そこにKグループのメスが三頭も入っていることがわかったのです。

私はすぐ「これはおかしい」とおもいました。というのは、ニホンザルの場合は生まれた集団を離れて別の集団に入るのはオスであって、メスは動かないということが、その頃にはだいたいわかっていたのです。

それで「偶然かな」とおもって初めは見ていたんですが、調査を続けていくと新たに入ってくるメスというのは、たいていまだ子供を生んでいない若いメスだということと、Kグループでは一一歳ぐらいの年頃になった若いメスが消えてしまうことがわかってきました。

そこで、これはチンパンジーとニホンザルでは集団の構成を変えるやり方が、根本的に違うなとわかってきたのです。つまり、移籍に関しては、ニホンザルとチンパンジーではオスメス逆なのです。

その頃までの研究ではオスの方が出て行くという話しかなかったので、哺乳類では初めての新発見だったのです。これも長期研究で初めてわかったことですね。それまでそんな長期の研究はありませんでしたから。グドールの調査地では初めのうちメスは移籍しなかったのです。彼女の調査地であるゴンベは周囲を人口稠密地帯に囲まれ、メスの転出できる集団が限られていたのですね。

ヒトもチンパンジーも父系社会

それで、一応チンパンジーは母系ではなく父系の社会だとわかった。となれば今度は、ヒトはどうなのかということです。私が知る限りでは父系社会が多いわけですが。つまり、女の人が家を出てお嫁に行くというのが一般的です。

ところが人間はなかなか一筋縄で行かないところがあって、世界的に見ればけっこう例外も多いのですよ。でも文化人類学者が世界中のいろいろな社会を調査して、統計的に内訳を出したところ、結局は六八パーセントぐらいが父系社会だというんですね。父系の方が多いことは確かです。

その後、加納隆至さんらがボノボを研究してみたら、やはりチンパンジーと同様でメスが年頃になったら出て行き、また別のメスが入ってくることがわかりました。これでヒトとチンパンジーとボノボは、いずれも基本的に父系社会だとわかったのです。

ただ、人間がチンパンジーやボノボと大きく違うのは、チンパンジーやボノボのメスは出て行ったらそこで元の集団との関係が切れてしまう点です。人間だったら、たとえば子供が生まれたら、里帰りしてお母さんに孫を見せに行ったりするでしょ。ところが、チンパンジーにはそういうのはありません。あったら面白いと思いますが。

だから赤ん坊の時からずっと観察していたメスでも、一一歳ぐらいになるとパッと消えてしまって、ほとんどの場合その後は、私はもうそのメスには会えません。他の集団を見ていたら、たまたま見つかるということはありますが。

どこへお嫁にいったか、探しに行ったりしたことはありますが、なにしろ他の集団はまったくの野生ですから近づくのはむずかしいのです。それに、限られた時間しかないのに、探すべき集団はたくさんありますし、見つかるかどうかわからないのを探しに行って、時間を潰してしまうのはもったいないですからね。残念ながら。

この違いは大きいです。ヒトの集団間の政治連合は女を交換してやることが多いですが、チンパンジーのメスは出自集団と関係が切れてしまうので、ヒトのような大きな社会はできないのです。

ところで、長い間、私を悩ませていた問題があるのです。二〇年ほど前までは、チンパンジーとゴリラが近い親戚で、ヒトは彼らの遠い親戚だと考えられていたのです。ところが、チンパンジーはゴリラのように一夫多妻でなく、複雄複雌群だった。そうすると、ヒトとアフリカ類人猿の共通祖先はどんな社会だったか、復元などぜんぜんできないわけです。私は、研究の目的を見失って途方にくれました。この学問は成り立たないのではないかとおもい始めたとき、ボノボも複雄複雌集団だとわかりました。チンパンジーとボノボがいちばん近い親戚だということは、誰がみても明らかでした。こうして、いちおう近縁種はあい似た社会構造をもつはずという原理を支持する結果が一つ出たのです。そして、一九八〇年代後半に、ゴリラとチンパンジー属よりも、ヒトとチンパンジー属の方が近縁であることがわかりました。この分子系統学の進展がなければ、共通祖先の復元にとりかかることは不可能でした。

ヒトとの共通点――オス同士の連帯

チンパンジー属とヒトがいちばん近いとわかったので、オス同士が連帯しているというか、つき合いながら社会を作っているということが最後の共通祖先の社会の特徴として浮かび上がったのです。ゴリラやテナガザルとはそのへんが違います。

ゴリラは一夫多妻集団が社会の単位です。集団の縄張りはあまりはっきりしないのですが、オランウータン同様、大人のオス同士はやっぱり仲が悪いです。一緒にいることがまったくできない。

ただし動物園の中では、一応オスを二頭一緒に飼うことはできるんです。ところがそこにメスを入れたらそのとたんにケンカになって、絶対妥協しないそうです。

その点、チンパンジーもケンカはしますが、それでも一応妥協できるわけです。複数のメスと複数のオスで集団を作っているわけですから。

最近になってＤＮＡによるチンパンジーの父子判定の結果がやっと出てきました。ＤＮＡ分析をした井上英治君によると、第一位のオスはやっぱり子供が多いのです。でも第二位や第三位以下も子供を全然作っていないわけではない。だから第一位のオスもメスを完全に独占はしないで、一応は妥協しているわけです。

だからわれわれとチンパンジー属の共通祖先はおそらく、チンパンジー型の複数のオスのいる集団を形作っていただろうというのが、私の考えです。そしてオス同士の争いを避けるためにメスの分配が起き、オス同士の順位関係はより平等化した、それが人間の社会ではないかとおもっています。

消滅してしまったKグループ

それから私の研究の歴史でも非常に衝撃的だったのは、グループが消滅するということです。実はKグループは最終的に消滅するのです。

当初Kグループにいた大人のオスは六頭だけでした。それとソボンゴと名づけた一頭の若者オスがいました。ただ六頭の大人のうち年寄りの一頭がまず消えた。おそらく寿命で亡くなったのだろうとおもいます。でも若いオスが大人になったので、また六頭になった。

そしたら二番目に若い、カクバという名前をつけたオスが、ある時消えてしまったんです。おそらく二〇歳ぐらいだったと思います。そしてその次にカサンガというオス、これがまた消えてしまった。七五年のことです。病気で死んだとは思えません。というのは最後に見たときは元気だったんです。病気になって、だんだん元気がなくなって消えてしまったというのなら、これは病死だろうとわかるんですが、どのオスも突然消えるのでまったくわけがわからない。その次にカジャバラという、これは当時の第二位のオスなんですが、それも消えてしまって、やはりどうなったか全然わからない。病気でもなんでもない、よく交尾もするオスだったんですが。

実はKグループというのは、そのカジャバラというオスの名前をつけていたんです。「カジャバラ・グループ」だったわけです。というのも、私は初めカジャバラが第一位のオス、リーダーだろうとおもっていたんですが、本当のリーダーがすごく人間に対して臆病で、なかなか姿を現さなかったんです。結局カジャバラは第二位だと後でわかったのですが、それも消えてしまって、七六年にはオスは、第一位カソンタ、第二位ソボンゴ、第三位カメマンフの三頭だけになってしまった。

密猟で殺された可能性はほとんどありません。そこの住民はトングェ族ですが、彼らはチンパンジーは絶対に食べないです。それからチンパンジーが畑を荒らすから殺すというのもあまり考えられない。住民はキャッサバという芋を作っているのですが、チンパンジーは食べません。

Mグループとの「仁義なき戦い」？

ではなぜオスが消えてしまったのか。現場を見たわけではないので、断定はできないんですが、おそらくMグループのオスに殺されたのだろうとおもいます。

なぜかと言うと、まず病気で死んだのではないだろうということと、それからMグループのオスがKグループに捕まって、袋叩きにされたのを何回か見たことがあるのです。チンパンジーの集団は集合離散しますから、いつも大勢でまとまっているのではなく、バラバラに動いているときもあります。そういう時に、たまたま一頭だけになっていたMグループのオスが、Kグループのメンバー一五～六頭が集まっている所に出会ってしまった。そしたらもうその全員から攻撃されて、命からがら逃げてしまったのです。

そういうのを何回か見たので、チンパンジーの集団同士はすごく仲が悪いというのがわかりました。お互い仲のいいグループというのはまったくないですね。そのあたりが人間と違うところです。人間の集団どうしも、仲が悪い傾向はありますけどね。

ということは逆に、Kのオスが一頭でいるところに、Mのメンバーが大勢で寄ってたかって殺されたという可能性が浮かびあがります。しかもその後、カソンタという第一位のオスがいなくなった前日に、共同研究者の上原重男さんが、山の上のほうで非常に大きな騒ぎがあったのに気づいていています。そこはちょっと道もないところだったので、実際に見に行って確かめることはできなかったようですが、とにかくカソンタはその後消えてしまったんです。そういうことから言って、オスが消されていったのだろうと。メスは全然減っていないんです。

Kグループの最期

そして最後にカメマンフというオスが一頭残った。ですから自動的にカメマンフが第一位、リーダーです。でもメスとしてはそのカメマンフのことをちょっと頼りないとおもったのか、一九七九年にどんどんKグループから消えていって、Mグループに引越していってしまった。私たちは両方のグループを観察していたから、それがわかったのです。

子供がいないメス、子供が五歳以上のメスは、見事に全員が一九七九年にMグループに転籍してしまいました。まだ授乳中の小さい赤ん坊のいるメスだけが、残っていました。でもその子供が離乳したらそのメスたちもMグループに移りました。八三年にKグループは事実上、消滅してしまったんです。ところが、最後にリモンゴという若者のオスがひとりだけ残りました。当時一一歳でした。そして、たったひとりでKグループの中に生き続けました。一九九二年一二月が最後の観察です。オスはひとりになっても、メスのように他所の群れには移籍できないことを示す衝撃的な例だといえます。

このリモンゴも行方不明になりました。これも殺された可能性は十分あるとおもいます。

Ｋグループが一九八三年に事実上消滅した後、まずＭグループの縄張りが広がりました。Ｍが南側にいましたから、北にその範囲が広がったのです。ミヤコ谷という大きな谷を初めて越えました。それから、北にいたＢグループという別のグループが南へ縄張りを広げました。やはり、ミヤコ谷まで来ました。

このＢグループはすごく縄張りは広いんです。ただその中にあまり森がない。サバンナ疎開林の中に谷が切れ込んでいて、谷沿いにだけ森があるんです。サバンナ疎開林には食べ物が少ないのです。

ですからＢグループのチンパンジーは、川べりの森から森へと渡り歩きながら食べ物を得ていかないといけない。そうなると広い縄張りが必要なわけです。Ｂグループの縄張りは、おそらく一〇〇平方キロ程度の面積を持っているとおもいます。Ｋグループはだいたい一〇平方キロぐらい、Ｍグループは三〇平方キロぐらいでした。彼らは森林の多いいい場所を縄張りにしていたので、そんなに広くなくてもやっていけたのです。

第3章　集団のリーダーについて

——強さよりも「ハッタリ」が大事

リーダーになれる条件

集団のリーダー（第一位オス）になるオスは、身体が大きくて強いやつとは限りません。しかし、他の条件が同じなら、身体は大きいほうが有利でしょう。私が見たリーダーの大部分は、平均より身体が大きかったです。

リーダーになるようなオスは、若い時から早く順位を上げていますね。オスが大人になるためには、まずすべてのメスより順位が高くならないといけないのですが、リーダーオスになるようなやつはそれが早いですね。それが済むと今度は、グループの中でも順位の低い大人のオスを攻撃しなければなりませんが、それも早くからやっている。

年を取ると身体が弱くなり順位が下がってくるわけですが、そういう弱り具合みたいなものをパッと判断していち早く攻撃をするオスが、リーダーになりやすいようです。

カソンタの突撃誇示

母親の教育といったことは関係ありません。

母親は大人のオスに挑戦することはありませんので、教育のしようがありません。リーダーになる者は、生まれつきそれにふさわしい素質をもっているように思います。

もう一つの、おそらく生まれつき備わる素質に「ディスプレーの持続力」があります。「ディスプレー」（示威行動）とは、地面や板根を蹴ったり、片手で繰り返し叩いたり、木をゆすって音を立てたり、ドドドッと音を立てて突進したり、木の枝を折って引きずったり、枝や石を投げたりして、腕力や瞬発力、スタミナを誇示することです。中には川に両手で重い岩を投げ込むのもいます。

個々のパターンは三歳くらいから誰を相手というわけでなく始めますが、いくつかのパターンを組み合わせるようになるのは子供期以降です。オスは若者期になるとこうやってよく自己主張をします。

それと最も重要なのは、ライバルと対峙したとき、逃げ出さないことです。恐怖心をおさえて、ハッタリであっても威嚇や攻撃を続けることです。

実際の力の強さや、身体の大きさなどよりも、そっちの方が重要です。恐怖心の克服というのがなにより求められる資質ですね。

第一位の地位についている期間は、K集団の三頭のオスの平均で五・七年。M集団六頭の平均は五・一年です。五年強ということですね（次頁の表1）。興味深いことに、チンパンジーの赤ん坊が離乳しほぼ一人前に採食できるようになるのが五年なのです。そして、赤ん坊のチンパンジーは三歳までは父親以外の大人のオスによって殺される恐れがあります。最低限、リーダーになって二年以内に作った子供は、子殺しに合う可能性は低いですね。

長期政権リーダーの「貫禄」

チャンスがあれば、どのオスでもリーダーになれます。さっき話したKグループのカメマンフみたいに、他のオスが全部いなくなったら、もうそれはリーダーですから。

結局、第一位の地位を長続きさせられるのが、強力なリーダーということですね。Mグループにはたくさんオスがいましたが、カジュギというのが三年間リーダーになって、その次のン

表１　第一位オスの任期

名前	グループ	母親の名前※	生年＃	トップ昇進年	トップ昇進年齢	トップ獲得法	トップ喪失年	トップ喪失年齢	任期
カソンタ	K	不明	1940頃	＜196605	＜26*	不明	197603	36*	＞＝10
ソボンゴ	K	ワブェマ	1958頃	197603	18*	独力	1979	21*	3
カメマンフ	K	母なし	1940頃	1979	39*	前任死亡	1983	43*	4
カジュギ	M	母なし	1950頃	1976	21*	不明	197907	24*	3
ントロギ(1)	M	ワナグマ	1955頃	197907	24*	不明	199103	36*	12
カルンデ(1)	M	母なし	1963頃	199103	28*	連合	199112	29*	0.8
ントロギ(2)	M	上述	上述	199202	37*	同盟者なし	199504	40*	3
ンサバ	M	母なし	197310	199504	22	連合	199601	23	0.8
カルンデ(2)	M	上述	上述	199601	33*	前任死亡	199711	34*	2
ファナナ	M	ファハリ	1978頃	199709	19*	同盟者なし	200311	25*	6
アロフ	M	ワクシ	198201	200311	21	不明	200707	25	4
ピム	M	ファトゥマ	198802	200707	19	同盟者なし	—	—	—

(1)(2) ２頭のオスは２度第一位になった
※母親の名前　トップの地位についたときに母親がいたときは、その名前が書かれている。カソンタがトップになったのは研究開始前。
197603などは、1976年３月を意味する
＊　推定年令

トロギというオスは一二年間もの長期政権でした。ただその次のカルンデというオスは、半年しか持たず、ントロギが返り咲いてさらに三年間トップの地位を維持したのです。

この半年しか持たなかったカルンデは、強力なリーダーとしての資質を欠いていました。カルンデは神経質でした、ハッタリがなくて。ディスプレーをするときもすごく神経質で、石を投げるにしても小さいのをぽんぽん投げるし、キャンプのプレファブ作りのメタル・ハウスの壁を叩くときは両手で非常に早く叩きました。なんというかこまごまして、せわしなかったですね。

その点長期政権だったントロギはゆっくりと大きな岩を選んで、川にドーンと投げ込んだりして貫禄がありました。トップにとってみれば、ケンカせずに一位の座を保てれば一番いいわけです。ケンカになってしまえば最終的には勝っても、自分もケガをして弱くなってしまうかもしれません。トップの座を獲得するのより、それを長年維持するほうが間違いなくむずかしいですね。トップ挑戦は人生で体力・気力の最も充実した時期を自分で選べるわけですが、挑戦されるのは下り坂になってからですからね。

そういう意味ではントロギというリーダーは、ケンカせずにずっとその地位を保てた。それは一つはディスプレーが非常にうまかったわけです。スピードはそんなに速くないんですがスタミナがあって、二分も三分もディスプレーをやるんですね。普通のオスは二〇秒ぐらい一生懸命やって、それで終わりなんです。

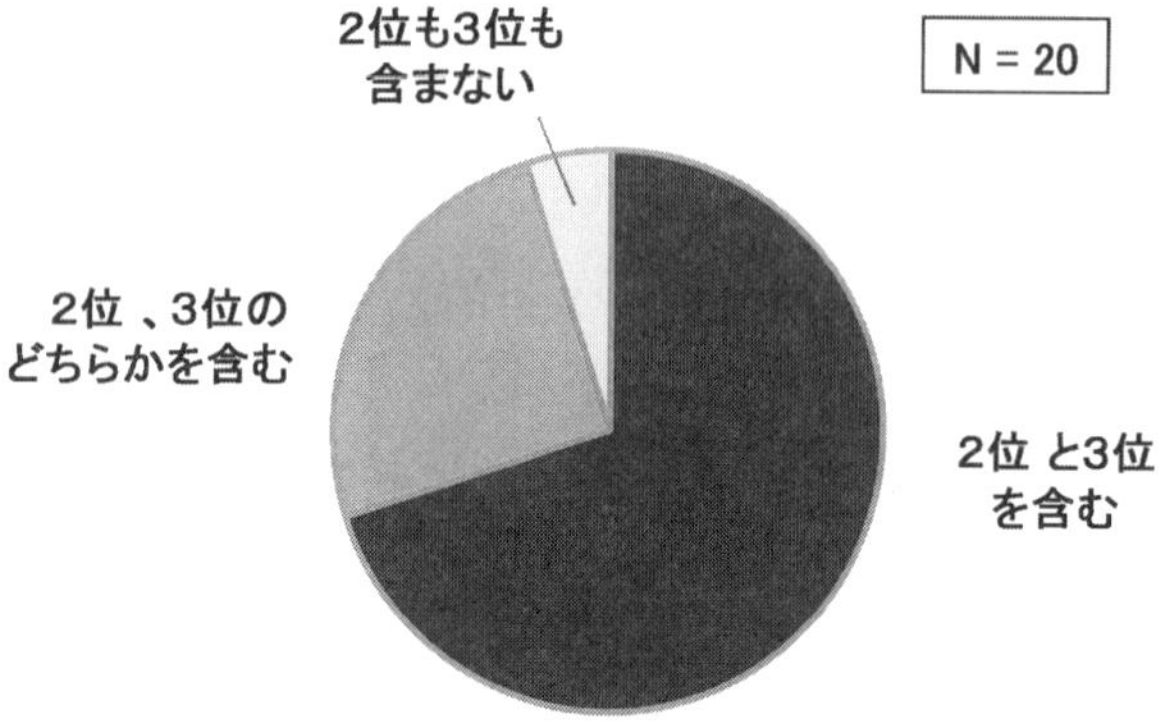

図１　第一位オスが他のオス同士の毛づくろいを分離するため妨害した回数（ントロギ、1992年）

下位のオスの連合を妨害する

それからリーダーにとっては、二位と三位のオスというのは自分の一番怖いライバルです。順位のさらに低いオスも潜在的なライバルでしょうけれど、やはり自分を打ち負かす可能性が一番高いのはもちろん二位で、その次は三位ですから。

だからそうしたすぐ下のオス同士が連合を組むこと、これが一番恐ろしい。ントロギはその点、二位と他のオス、とくに二位と三位が毛づくろいをしていると、すぐに邪魔しに来ましたね。そういうのはすごく早かったです（図1）。

連合を組むのを阻止しに来るわけですが、私はこの動きをかなり予言できるようになりましたね。

あるときントロギの後を追跡していたら、何頭か他のオスがいて、一緒にントロギの後を来たんですね。しかし彼らは途中でストップして、ントロギだけ先に行った

ので、私は引き続きントロギについて行ったんです。

そしたら一〇〇メートルぐらい行ったところで、ントロギもストップして動かなくなった。しばらく見ていたら、ントロギの毛がばーっと逆立ってきて、ゆっくり引き返し始めたんですね。

そこで私は「これはントロギが、後ろにいた連中が自分をのけ者にして毛づくろいしていると予想して、妨害しに行くんじゃないか」とおもって見にいったら、確かにその通り他のオスたちが毛づくろいしていて、ントロギはそれを妨害しました。その時は嬉しかったですね。ちゃんと予測が当たったなあとおもって。

そうおもうと、元総理の小泉純一郎さんはうまくやったとおもいますね。あの人にはハッタリがありましたもの。だって「郵政民営化」法案が参院で否決されたら衆院を解散しました。そんなの無理だとみんな最初はおもったじゃないですか。でも反対する候補には刺客を送るとか、これで負けたら私は引き下がるとか居直って、結局大勝しましたよね。ああいうハッタリはやっぱりリーダー、政治家の資質ですね。もっとも規制緩和は間違った方向に行っていますが。

第一位になるとき、他の個体に依存してトップになるのは問題があります。カルンデはンサバというオスの支援を得て第一位になったのですが、共通の敵がいなくなったら、ンサバはカルンデに挑戦し始め、順位を逆転されてしまうのです。「トップ獲得は単独で、トップの維持は連合で」というのがよいようです。

女性の支持は重要か

リーダーオスが、リーダーとしての自意識というか、責任感を持っているかというと、あまりないようにおもいます。ただし、Kグループのカソンタという第一位オスは、Mグループの大人のオスを両集団の重複地域内で見つけたとき、逃げないで先頭に立って攻撃しました。そういう意味では責任を持っているようにも見えます。

それから川を渡る時に先導しますね。大きな川があると、彼らは岩をぴょんぴょん飛んで渡るのですが、でも彼らにとって川を渡るのは怖いことなんです。というのは、大きな川というのは森と違って上になにもなく周囲に薮もないので　上空からワシが襲ってきたりする可能性があるわけです。隠れ場所がありません。

大きな集団が三三五五の小さいパーティに分かれてずっと移動してきても、大きな川の手前に来るとみんなストップしてしまいます。休んだり毛づくろいしたりしています。

そういう時、最初に動き出すのは第一位オスであることが多いのです。リーダーが渡るとみんな一斉に動き出して、あっという間に渡ってしまいます。

リーダーの決定には、女性票はあまり重要ではないようです。

リーダーになる時は、前任者を攻撃して第一位になるわけですが、メスの支援はあてにできません。というのは、メスが大人オスの間のケンカに介入したら怪我のリスクが高いからです。

しかし、メスは現リーダーを応援する傾向が強いようです。現状維持志向が強いですね。だから、現リーダーにとってはメスの支持というのもある程度重要なようです。そういう意味では、人間の選挙と同じで、現役有利ですね。メスがオスのリーダー争いに介入するのは一度だけ見ていますが、別に手出しをするわけでなく、周りで吠えているだけです。

しかもそういう争いの現場に行くようなメスというのは、小さい子供のいないメスなのです。やっぱり赤ん坊のいる母親は、そんなところに行ったら危ないですから。

ただその周りで吠えているというのが、どっちを応援しているかがわかるので、戦っているオスにとってはその応援が大事なのかもしれません。

民主主義とまでは言えないですけど、少しはそういう要素もあるだろうとおもいます。最近、気づいたことですが、母親は息子のボス争いに介入しないけれども、存在自体は重要なのかもしれません。表1（五四頁）をご覧ください。母親が生きているオスが第一位になることが多いでしょう。

メスのケンカを仲裁することも大事な仕事

それからリーダーの非常に大きな仕事として、メスのケンカを引き分けるというのがあります。メス同士のケンカはよく起きますが、そういったとき、第一位のオスは確実に駆けつけますね。

引き分けるのは他の大人のオスもやり、リーダーだけとは限りませんが、第一位オスがやることがいちばん多いですね。メス同士のケンカが長引くと、まず順位の中くらいのオスが駆けつけ、次にもう少し上位のオスが駆けつけというふうに、順位の低い順に駆けつけ、最後にトップオスが走ってきます。どうやら、「それは、俺の仕事だ！」と主張しているように見えます。

ケンカの時は、大騒ぎして当事者の双方とも悲鳴を上げるのがふつうですが、それはたいてい「負けました」という悲鳴ではなくて、むしろ大人のオス、とくに第一位のオスの助けを呼んでいるんですね。そうやって鳴き続けていると、オスたち、とくにリーダーは遠くにいてもいずれバーッと走って来ます。

非常にはっきりしているのは、リーダーはどちらか一方を応援することはまずないことです。単に引き分けるだけで、好みのメスをえこひいきしたりはしません。

どちらかが自分の子供を宿したメスだったら、そっちを応援しそうにおもいますが、リーダーは集団のほとんどのメスと交尾していますから、どれが自分の子供かよくわかっていないようです。

それに引き分けると言っても、行って押さえつけたり咬みついたりするのではなくて、間に入って走り抜けるだけでもう終わりです。それでメス同士はケンカをやめて、逃げていってしまいます。

最初に見たリーダー交代劇

Ｋグループは最終的には消滅してしまったわけですが、それまでに何回かリーダーの交代がありました。

最初に見たのは、カソンタというのがリーダーで、ソボンゴというのが第二位、カメマンフが第三位だった時です。リーダーのカソンタと第三位のカメマンフは、どちらもだいたい三五歳ぐらいだったと思います。チンパンジーの三五歳というと、年寄りというわけではないですが、盛りは過ぎたかなという感じですね。人間で言うと、壮年というところでしょうか。

ところがこの二頭は年齢はだいたい同じぐらいでも、身体の大きさが全然違っていたのです。体重もカソンタの方は五五～五八キロぐらいある。ところがカメマンフのほうは三三～三五キロぐらいしかない。二〇キロ以上も違うのです。カメマンフの体重はだいたいメスの体重と同じです。メスでも大きいものは、四〇キロぐらいありますから。

そのカソンタとカメマンフの間に、第二位のソボンゴがいたわけです。これは一八歳ぐらいで、やっと一人前の大人になったという感じで、交代劇の数年前にカメマンフを追い抜いたばかりでした。、それが早くも、トップの地位を狙っているのです。ところが第三位のカメマンフがいつも現リーダーのカソンタの味方をするので、二対一で勝てなかったわけです。

カソンタとソボンゴ、一対一だったらいい勝負でした。ソボンゴは体重四七キロぐらいで、特別大きくもないが小さいわけでもない。

ただ、地面の上での戦いではいい勝負ですが、木の上なら若くて敏捷なソボンゴの方が有利なのです。それでソボンゴはいつも高い所にいて、大声で威嚇の声を出していましたね。つまり、自分が有利な位置にいるときにやるわけです。

普通はリーダーのオスに対して威嚇の声なんか出せないものなんで、リーダーにとってそれはすごく心理的なストレスです。そこでカソンタは追いかけて木の上に上ってつかまえようとするんですが、若いソボンゴはぱっと逃げてしまってつかまらない。一対一ならいい勝負なんですが、第三位のカメマンフが応援するので、形勢はカソンタに有利になるわけです。

裏切りで形勢逆転

ところがそのうちにカメマンフがカソンタを裏切り始めて、ソボンゴに味方するようになってきたのですね。すると今度はリーダー対第二位第三位の連合という、逆の二対一になってしまうので、カソンタが不利になってケガをし始めました。

その裏切りの理由は、メスとの交尾の問題なんです。もちろんどのオスも交尾をしたいわけですが、カメマンフが交尾していると、優先権をもつカソンタはそれを妨害するんですね。するとカメマンフはそれを嫌って、ソボンゴに味方するようになる。そうなるとカソンタは負けてしまうので、カメマンフが交尾するのを大目に見るようになったわけです。

それでカメマンフがまたカソンタを応援するようになると、今度はソボンゴが負けるので、ソボンゴもカメマンフの交尾を大目に見るようになって、結局カメマンフがメスと一番良く交尾できるようになってしまったんです。つまり、キャスティング・ボートを握ったわけですね。人間の政治の世界みたいに。

そうやってカメマンフはカソンタに味方したりソボンゴに味方したりして、第三位なのにうまい汁を吸っていたわけです。ソボンゴもカソンタも勝てるかどうかはカメマンフ次第なので、双方ともケガするようになってきました。

でも何度目かカメマンフが若いソボンゴの味方になったとき、カソンタは反撃をあきらめて、Kグループから離れてしまったのです。それが最初に見たボスの交代劇です。

そうして負けてしまったリーダーは村八分みたいになって、集団から出てしまうんですね。最下位のオスとして残るという手もあるのですが、たいていは出てしまう。トップに返り咲くという野心があるときは出て行くようです。ひとりでいると、自分の好きなように時間が使えるので、けっこう栄養がついて、太ってくるんですね。それで傷も癒えて、また戻ってリターンマッチするというわけです。

カソンタも、私の後観察していた上原重男さんによると、一年後戻って来て一時的にトップに返り咲いたことがあったそうです。でも、前に言った通り、カソンタはその後おそらくMグ

カソンタとソボンゴ（上）

オス同士を分離させるために第一位オスが介入してくる

ループに殺されてしまって、Ｋグループはソボンゴ一位カメマンフ二位になった。でもそのうちソボンゴもいなくなってしまったので、カメマンフが一位になったのです。強いからリーダーになったのではなくて、もう他にオスがいないからなったわけですね。これをトコロテン式とよんでいますが、人間社会にもこれはありますね。

村八分というのは、このあとも観察されています。

Ｍグループでも、ントロギという第一位のオスが二位、三位のオスの連合に敗れて、追い出されました。いったん追い出されると、オスもメスも「現職の」リーダーに味方しますので、元の一位は村八分状態になったのです。

ントロギは一度返り咲いたのですが、また二位、三位連合に追い出されました。半年後帰ってきたときは、集団のオスの全員に挨拶してまわり、最下位の地位に甘んじることで滞在が許されました。しかし、一ヶ月あまりたったとき、瀕死の重傷を負って地面に倒れているのが発見されました。Ｍグループの縄張りの中心で倒れていたので、攻撃したのが他集団だとは考えられません。しかも全身に傷を負っていたので、仲間による集団攻撃にあったものとおもわれます。

若い大人のオスが村八分になったこともあります。ジルバというオスはティーンエイジで第五位くらいだったのですが、向こう意気が強く、第一位のカルンデにあいさつしなかったのです。しょっちゅう、メスをいじめたりしてトラブルメーカーでした。そしたら、ある日第一位

瀕死のントロギ

を含む五頭の大人オス、二頭の大人のメスと一頭の若者オスの合計八頭のグループに襲われたのです。

それまでは、村八分というと、人間だけのことかと考えられていました。

チンパンジーは長い間恨みを抱いているのではないでしょうか。それが、爆発するときがあるのでしょうね。ントロギが瀕死の重傷を負ったことは、銃殺刑に処されたルーマニアの独裁大統領チャウシェスクのことを思い出させます。この大統領は現役時代、蓄財・反対者の虐殺など好き勝手なことをして国民の恨みを買っていたということです。

このようにお話ししているとオス同士はケンカばかりしているという印象を与えるかもしれませんが、通常は平和に暮らしています。しかし、お互いの順位については非常に神経質です。まず、順位の低いオスは高いオスにパント・グラントというあいさつをしなければなりません。シケという当時第二位のオスは、メスが自分より順位の低いオスにあいさつしたら、必ずそのメスを攻撃しました。

毛づくろいも自由自在とはいきません。あるオスが、他の個体X（オス、メスいずれでも）と毛づくろいしているとき、高順位のオスがやってくるとします。高順位のオスが、立ち止まって自分の身体を掻いたりして、Xと毛づくろいしたいという願望を見せたとたん、順位の低いオスは立ち退いて、毛づくろい相手を譲ります。

「ディスプレー合戦」と私が呼んでいるものもあります。あるオスが突進したり、枝を揺すったりしてディスプレーを始めるのです。第一のオスはディスプレーを始め、メスや子供が騒ぎ始めると、第二のオスが駆けつけディスプレーを始めるのです。第一のオスはディスプレーをやめます。そのうち第三のオスが駆けつけると、第二のオスは静かになるという具合です。私は、こうして最高六頭のオスが駆けつけるのを見ました。こういった場合、必ず後から来る方が上位なのです。

取っ組み合いのケンカになるのはまれでも、ディスプレーや静かに「席順」を表現するのは日常的です。

第4章　チンパンジーの一生
――オスは出世競争、メスは年功序列

赤ん坊期は頼りない

チンパンジーの一生はどういうものか、かいつまんでお話しします。

まず赤ん坊期ですが、生まれたての赤ん坊はすごく頼りない感じですね。とくに足の把握力が弱い。普通はサルの仲間の赤ん坊というのは、母親を手足でつかんで運ばれていますし、チンパンジーもそうなのですが、初めは非常に頼りなくて、母親がよく片手で赤ん坊を支えて運んでいることが多いですね。

人間の赤ん坊と同様、手の把握力は強いですが、足の方はしっかりつかめないようです。それからチンパンジーの赤ん坊は、毛があまり生えていないことが多いですね。とくにお腹のほうの毛が少ない。それから「フィンパー」という、不快を表す声をよく出します。そしてだいたい半年ぐらい経つと、赤ん坊としてもちょっとしっかりしてきて、早いのは三ヶ月ごろ

新生児

から、たまに母親の背中に乗るようになりますね。

それまではお腹にしがみついています。ただ足の握力が弱いので足が外れてしまうことがあって、そうなると母親が片手で支えないといけません。三ヶ月までは必ずそうですね。母親によっては、六ヶ月ぐらいまでほとんど背中に背負わないものもいますが。

チンパンジーの子供はすべて自分で見て学ぶ

生まれて半年以内には、ミルク以外の固形物を時々つまんだりするようになります。とくに母親が食べこぼしてひざに落としたものなどをね。実際には口に入れても、また吐き出してしまうことが多いですが、そうやって食べ物の味を覚えていくわけです。

母親は、食べ物を教えようとしてわざとそうしているのではありません。チンパンジーとヒトの非常に大きな違いは「教える」ということがないことです。なんでも子供が自分で試したり、観察学習というか、見て覚えていきますね。

他のサルも同様で、教えることはまずありません。マカクや飼育下のチンパンジーで歩行訓練とおもわれるような励まし行動が見られる程度です。ただ、ヒト以外の動物は教えることをしないかというと、そうでもないのです。肉食獣、たとえばチーターなどは、子供に狩りを教えます。

どうやるかというと、まず母親が狩りをして、その獲物が小さいトムソンガゼルだったりした時には、完全には殺さずに自分の子供のところに持って帰って、子供の前で放すんです。するとチーターの子供たちがわーっと追っかけてそれを捕まえる。そういうことをやります。教育にはコストがかかります。完全に死んでいたり、生きていてもまったく動かないようなものを持ち帰るのではなく、ある程度逃げる力が残っているような獲物を子供に持って行くのです。ですから、逃げられてしまう場合もあります。子供たちがちゃんと捕まえられなくてね。チーターって獲物を一回捕まえるのに、ものすごいエネルギーを使いますよね。猛スピードで走るわけですから。だからもし逃げられたら、非常に大きな損失です。

教える方が直接的な利益を得る行動は、生徒が貴重な情報を得ても教育とは言いません。たとえば、上位のオスの前で子ザルが食物を取って攻撃されたとします。子ザルはその後、上位のオスの前で食物を取らなくなります。上位のオスの前では取ってはいけない、という役立つ情報を得たわけです。しかし、このオスの叱責を教育と呼べるでしょうか?

オスは自分の直接の利益のために子ザルを攻撃しただけですから、これは教育ではありません。チーターの母親の場合、獲物を放しても直接的な利益はなにもないどころか、獲物を逃すというリスクを負っているので、教育というかティーチングと言えるのです。

チンパンジーは、そういうことはほとんどやらないですね。

騎手のような格好で母親の背に乗る二歳の赤ん坊

三歳ごろから自分で食べ物を判断

子供は一歳までには、母親の背中に乗ることが多くなります。上にまたがってお腹を母親の背にくっつけて、騎手みたいな格好で乗ります。というのも、成長して身体が大きくなったのに、母親のお腹にしがみついたまま移動していると、頭が地面や石ころにぶつかったりしますから。母親もそういうのは、手で引っぱり上げたり押したりして背中に乗せます。

母親が大人のオスに会うと、「パント・グラント」というんですが、「アッアッアッ」というような声を出して、頭を低めてあいさつするんです　それを赤ん坊は背中の上からずっと見ているので、誰にあいさつするのかなどを、そういう母親の振舞いを見て覚えていくのでしょう。あいさつのやり方自体は、本能的なものだとおもいますが。

二歳になると、もう母親より先にパント・グラントすることもあります。

どこにどういう食べ物があるかということも、ほとんど母親から学ぶといっていいでしょうね。三歳ぐらいになるとかなりしっかりしてきて、母親より先に果樹に登ることがけっこうあります。

もう自分で判断して行動しているのです。地形などを覚えているようです。三歳になるうミルクよりも果物や葉っぱのような固形の食べ物の方が重要です。

というのは、三歳半ぐらいで母親が死んだのに、生き残ったことが二例あるんです。もしその時期にまだミルクの方が重要だったら、生き延びられるはずがないですよね。つまり成長が早い子供なら、三歳半でも母親のミルクなしでなんとか生きられます。

子供はみんなが面倒を見る

それから、そうやって母親が死んだ場合は、よく他のチンパンジーが養子にしますね。母親のように一緒に食事をしたり、運んでやったり、一緒のベッドで寝るのを許したりして、面倒を見ます。子供が小さいうちに母親が死ぬ場合がけっこうあるので、そうやって養子にするというのも、かなり一般的に見られます。

でも孤児になった場合だけではなく、赤ん坊のチンパンジーは集団のみんながよく面倒を見たり、遊んでやったりしますね。母親や兄弟以外の若い、まだ出産経験のないメスなどが「子守り」をすることがよくあります。オスの子供や若者も赤ん坊を抱いたり、遊んでやったりするのはまれではありません。場合によっては子供は何時間も母親から離れて、子守りされている時もあります。

その間は、母親はなにか食べているか、毛づくろいに没頭していますね。母親の「自由時間」という感じでしょうか。といって、母親が積極的に「子守り」してもらっているとは必ずしもいえません。

子守りをしたい方はだいたい、まず母子に近寄って、母親を毛づくろいします。母親のごきげんを取るわけですね。それで母親がリラックスしたら、子守り役が子供を抱き上げて腹に抱きつかせて、運び去るというのが一般的です。

でも母親が渡すのをいやがる時もありますし、子供が母親から離れたがらないときもあります。母親以外のチンパンジーが子供に興味を示して、子守りや遊び相手をやりたがる感じですね。母親が赤ん坊を他の個体に押しつけて子守りさせるのは見たことがありません。

子供をまだ産んでいないメスがいちばん子守りをしたがるということは、将来の子育ての練習をしているのでしょう。

そのうえ、自分の弟や妹を世話することによって、母親を助けているという面もあります。兄弟が仲よくなって、将来助け合う基礎を作るということもありえます。チンパンジーの集団

子守りをしたいメスが母親（上の右端）から子供を引き離す

は乱交的ですから、母親は違っていても、腹違いの兄弟姉妹ということもありえますし。

年齢差のある子供同士で一緒に遊んでいることもよくありますね。遊びについてはまた後でもお話ししますが、年長の子供が手加減してやりながら年下の子供と遊んでいることも多いです。

背中に乗りたがる子供、乗せない母親

それで先ほどもちょっと言いましたが、チンパンジーは成長が遅くて、離乳期が非常に長いです。五歳ごろまでかかります。

その中でいろんな段階があって、最初が「移動の離乳」です。離乳というのも変なんですが、母親が運ぶのではなく自分ひとりで歩くようにさせるのが、離乳期の最初に母親がやることですね。

結局、彼らの離乳というのは、自分で独立して生活できるようにするということなんです。それにはいろんな要素があるわけですが、中でも自分で歩くというのは一番大事なことです。というのもチンパンジーの集団はけっこう長距離移動しますから、子供が早く歩けるようになってくれないと、母親は困るわけです。集団から遅れてしまいますから。それに、子供の運搬はエネルギーを要し、次の子作りも遅れます。

離乳期の子供

でも、なかなか離れたがらない子供がいるわけです。三歳ぐらいならもうひとりでも歩けるんですが、まだ背中に乗りたがる。

するとと母親がどうするかというと、背中に乗ったのを腰を振ってわざと落としたり、首を下げて前から降ろしたり、手で引っ張り降ろしたりします。「もう乗るな」という合図ですね。

だんだんそれが進んでくると、子供が乗ろうとしたとたんに母親が座りこんで、「一切お断り」という態度を示します。子供が四歳ぐらいになった頃ですね。それから出発する時に、母親が子供の腰を押したりします。「歩きなさい」ということです。

母親は、「私の前を歩きなさい」と言っているように見えます。子供にとっては母親の前を歩くのは大切なことです。自分では見えない背中側を母親が見張ってくれているわけですから。手や足で押します。

彼らは手も足も同じようなものです。チンパンジーは他のいろんな行動にしても、手の代わりに足でやったって別に失礼でもなんでもないのです。彼らは歩いたり走ったりも手足両方使いますからね。手と足の意味がまったく違うのは、二足歩行を始めた人間だけです。マウンテンゴリラもその可能性がありますが。

だいたい五歳の誕生日までには離乳が終わり、自分で自分のベッドを作るようになって、母親とは別々に寝るようになります。自分でベッドを作るのも離乳にあたっての重大事です。

離乳期の終わり

結局チンパンジーの離乳というのは、おっぱいを吸わなくなるだけではないんです。人間とチンパンジーの非常に大きな違いはそこなんです。人間で五歳というと、もちろんもうおっぱいは吸いませんし、ちゃんと一人で歩けますが、自分で食べ物の準備ができるかといえば、できないですよね。十数歳までできない。離乳から自分で食物を調達できるまでを「児童期」(Childhood)と呼ぶなら、ヒト以外の霊長類には児童期はありません。チンパンジーにもゴリラにも、そういう時期はないんです。離乳したらもう母親がいなくても、自分で自分の面倒を見られるわけです。

ですからさっき言ったように、もし母親が死んでもそれが離乳後であれば、子供はひとりで生きていけるわけです。あまり知らない場所でも、母親以外の誰かの後をついていけば、採食場に着けますし。母親を失い、適当な養母も見つけられなかった孤児は、大人のオスたちの後をつけて歩くようになります。いちばん安全なのでしょう。

でも基本的には、自分の集団の縄張りの中になにがあるか、なにが食べられるものかということは、離乳した時にはもうだいたい頭の中に入っているんです。おそらく二〇〇種類以上の食べ物を覚えているのではないでしょうか。

「これさえ覚えておけば、とりあえず食べていける」というような食べ物は決まっていません。たしかに、重要な食べ物は三〇種類ぐらいです。しかしなにを食べるかは年や季節によって変わります。木の実が少ない時期は、葉っぱや花をおもに食べるといったこともあります。

自立して生きていくということは、相当いろいろな食べ物の知識と、それを取る手段を覚えていないといけないわけです。

だから大変なのは、母親が人間に捕まって殺されて、離乳前の子供が孤児になった場合です。中央アフリカや西アフリカでは人間がチンパンジーやゴリラの肉を食べるんです。ただ子供は小さくて肉があまり取れないし、見世物や実験動物やペットとして高く売れるから、殺しません。

でも今はそういう取引を多くの国では禁止しているので、そうした赤ん坊は没収されてサンクチュアリに行きます。しかしサンクチュアリの方も収容数に限度があるので、できるだけ野生に返そうということになる。

ところがそのままポンと返すわけにはいきません。まだミルクを飲んでいるような小さい赤ん坊の場合、当初は動物園でミルクを与えるわけですが、その次の段階になって、身体も十分大きくなったからといっていきなり野生に戻しても、なにをいつごろどうやって食べるかということを学んでいないので、食べ物がわからなくて飢え死にしてしまう。

だから、野生に戻しても食べていけるように、飼育係が食べ物についてわざわざ教育してから返すようにしています。しかし、なかなかうまくいかないようです。

「狩り」は若者にならないとできない

ただ五歳でも、まだ手に入れられない食べ物もあります。とくに狩りはまだできません。チンパンジーはおもにコロブスザルという樹上性のサルを狩って食べるんですが、これが上手になるのは一〇～一一歳の若者になってからですね。一番早いのは、八歳で捕ったオスもいましたけど。

結局食べ物のことでは、狩りが一番むずかしいですね。まず咬まれないように用心する必要がある。また、どこに誰がいて、コロブスザルはどっちに逃げようとしているのか、そういうのをパッとつかめないといけません。これはかなりむずかしいと思います。

しかし、狩猟はチームワークでもないのです。

彼らの狩りは、集団狩猟とはいえますが、共同狩猟ではありません。象牙海岸のチンパンジーを研究しているボッシュという人は共同狩猟だと言っていますが、私は違うとおもっています。確かに一見、共同狩猟みたいに見えるんですが、結局はおのおの自分が取ろうとしているんです。ボッシュは、「共同狩猟」が起ったとき、誰が誰に肉を分配したかという肝心のデータをまったく示していません。

もし共同狩猟だったら、最終的に獲物を手にしたやつが、一緒に狩りをした連中に獲物を分配しないといけないはずですが、全然そうではないんです。狩りに全然参加していない、自分の好きなメスや、自分の母親や、後からきた妹など、自分の身内に分配している。

協力した仲間に分配しないで、狩猟のときいもしなかった近親者などに分配している。ということは協力しているように見えるけれども、実はそれぞれ自分が取ろうとしているのです。ただ、お互いに他のチンパンジーの動きを見ながらやっているので、協力してやっているように見えているだけです。もっとも、マハレのチンパンジーと象牙海岸のチンパンジーでは、狩猟行動に違いがあるのかもしれません。

他の連中も利用できたら利用して、という感じです。お互いに利用し合って、獲物になるサルの動向を見極めてね。もちろん、こういった利己的な集団狩猟が、共同狩猟の原型であったということは大いにありえますね。

狩りの始まり。みんなでサルを見上げている

獲物は若者以下のサル

ただチンパンジーたちも、大人のオスのコロブスザルは怖くて捕まえられません。メスなら捕まえますが、オスの一番大きくて犬歯も長いやつがワッと反撃してきたら、チンパンジーの大人のオスでも逃げます。

体格はチンパンジーの方がずっと大きいですが、相手は犬歯が長いですから、もしとっくみあいになったらただではすまないでしょう。勝てることは勝てますが、大怪我をするリスクが大きい。窮鼠猫を噛むというやつでね。猫だってネズミに噛まれたらいやでしょうから、噛まれずに殺したい。だから獲物としては赤ん坊か子供、せいぜい若者オスか大人のメスのサルを狩るわけです。

チンパンジーはハンティングができるようになると、食べ物に関しては一人前ということになります。だから若者の時期に食物のフル・レパートリーを取れるようになるということですね。ただ狩猟能力は非常に個体差が大きいです。オスにもメスにも上手下手があります。名ハンターになるのもいるし、大人になっても下手なままのやつもいます。

道具を使って食べる食べ物

それからアリ釣り、これは三歳ぐらいで一応はできるものの、まだ下手ですね。詳しくは彼らの食生活についてのところでまたお話ししますが、釣るために枝やツルや、ヒモ状に割いた樹皮を使うんですね。それが三歳ぐらいだと釣るための棒が短くて、一回に数匹釣れるのがいいところで、能率がよくないんです。やはり上手になるのは七〜八歳でしょうね。

熟練が必要なわけです。スキル、つまり技能ですね。オオアリ釣りはMグループのチンパンジーは誰でもできると思っていたのですが、大学院の西江仁徳君はオスカーという子供のオスだけはアリ釣りができないことに気づいたのです。

オスカーは、釣り場ではツルなどを口に咥えており、手の甲でこすってアリを捕まえて食べるので、ぼんやり見ていたらアリ釣りをしているように見えるのです。しかし、オスカーはツルをアリの巣穴に入れることはしない。彼は母親や兄や姉が釣りをするのをそれこそ何百回か見ているはずですが、一〇歳で死ぬまで、とうとうアリ釣りをマスターしませんでした。棒やツルを穴に差し込むのはむずかしいとはおもえないのですが、不思議なことです。スキルを発達させる前の段階でつまずいてしまったのです。

どのメスよりも上位になるのが、大人のオスの条件

オスは九歳になると射精能力を持ちます。ただ性的能力は始まっても、社会的成熟に至るのは一五〜六歳ですね。その間が若者時代ということです。

若者期が終わると、大人になるんですが、大人のオスになる条件というのは、どの大人のメスよりも強くなることなんです。

それは取っ組み合いして決めるわけではなく、脅しのディスプレーだけです。威嚇されたメスは反撃します。若いオスはいったんは逃げますが、また戻ってきてしつこく威嚇を続ける。メスが「パント・グラント」というあいさつをするまで、続けるんです。要するにどのメスにもこのあいさつをさせることが、大人のオスの条件なのです。

普通は一五〜六歳で大人のオスになって、オスの中の低い順位から始まって、一七歳一八歳と年齢が上がるにつれて順位も上がっていきます。

ただ早熟なオスの場合、一二歳ぐらいでどの大人のメスよりも強くなって、さらに大人のオスの一角を破って、最下位より強くなるのがいます。体格的にはまだもう少し成長するので、まだ若者だけれども大人のオスの最下位よりは強い、そういう状態もあるということです。生き物の成長のことですから、段階があるといっても連続的なものなので、厳密なカレンダーがあるわけではありません。

カルンデ

かと思うと、一五歳になってもまだ大人のオスの誰にも勝てないオスもいます。それでも大人のメスのどれにも勝つようにはなります。

そして一〇代の終わりから二〇代の前半に、人生で一番高い順位に達して、リーダーオスになるものはなります。そしてントロギみたいにそこから一二年もずっと第一位を保つものもいるし、カルンデみたいに半年しかもたないようなのもいますが、高順位にのぼったら、しばらくその地位のままいくという感じですね。

老年期のチンパンジーは

二〇代の後半になると、順位が下がるものが出てきます。長期政権のリーダーは別格ですが、普通のオスは三〇代ともなると年下の若いオスが順位を上げてくる分、順位が下がっていきます。

それから三〇代の後半ぐらいになると、毛が薄くなってきて、腰のあたりが白くなったりします。四〇代になるともう、見た目もいかにも年を取った感じがしますし、白内障になったりもします。毛づくろいするとき、顔を近づけず遠いところに保っていますので老眼になったことがわかります。

そのあたりがもう老年ですね。それで四〇代も後半になると、もう木に上るのが面倒くさくなってくるんですね。それで木の上で若者が果実を食べていたりすると、あまり熟しきっていないようなものは捨てるので、落ちてきたのを拾って食べたりすることもあります。上の若者はわざと落としてやっているわけではないんですが、下の年寄りはもう、わざわざ木の上まで上って一番美味しいのを食べるよりは、少々まずいけどおこぼれを食べている方が、楽でいいなあという感じですね。

それから狩りの時も下で待っていますね。というのは、獲物のサルが落ちてくる時があるんです。これは私は何回も見ていますが、地面にドーンと落ちて動かなくなったやつを、下で待ってた中年以降のオジサンたちがつかまえて食べてしまうんですね。

狩られているサルが、足を滑らせるのではなく、追われて梢からジャンプしたものの、次の木の枝をつかみそこねて落ちるんです。「サルも木から落ちる」と言いますが、本当に落ちます。だってチンパンジーのハンターたちに追いかけられて命がけですから、捕まるよりはいっそ、というので次の木や枝に向かって跳ぶのです。それで運悪く届かなかったら、下に落ちて脳震過を起こしてしまうわけです。そうなると簡単なもので、捕まえようと思えばそれこそわれわれでもすぐ捕まえられそうです。ただし、咬まれない工夫ができればですが。

お断りしておきますが、年寄りのチンパンジーが木に登らなくなるのではありません。要するに何回も登ったり降りたりするのは面倒だというだけの話です。チンパンジーは木に登れなくなったらもう生きていけません。ベッドのこともありますし、食べ物になる果物もほとんどは木の上ですから。要するに年寄りになると、登る必要に迫られない限りは、登らないでいるという感じですね。

メスの一生は

オスの一生についてはこれくらいにして、メスの場合をお話しします。

メスはオスよりちょっと成長が早いですが、赤ん坊時代はだいたいオスと同じですね。それでメスの場合は一〇歳ぐらいで、性皮といいますが、お尻が腫れ上がって最初の交尾をします。月経も起こります。メスの若者期は九歳から一三歳、オスの若者期は九歳から一五歳といったところです。

ただしそのころは「若者期の不妊」という現象があって、セックスしても妊娠しないという時期なのです。一〇歳ぐらいでもう頻繁に交尾しますが、妊娠しません。

チンパンジーに追いつめられてジャンプするコロブスザル。
木の上方、葉の下にチンパンジーがいる

落ちて脳震盪を起こしたコロブスザル（手前）と、恐る恐る
様子をうかがっているチンパンジーの子供

ただし前に言ったように、メスは普通は一一歳くらいでどこかへ消えてしまいます。メスが出て行ってどこの集団へ行くかは、わかりません。まったく予想もつかないです。およそどっちへ行ったかぐらいはわかりますけどね。最後に見たときに縄張りの北の方にいたなら、やっぱり北の方に行ったんだろうというぐらいの見当はつきますが。

ただ、鉄砲玉みたいに消えてしまう場合もありますが、一度帰ってくるケースもけっこうあります。出戻りして、一〜二ヶ月したらまた消えてしまって、今度は永久に見られなくなったり、さらにもう一回ぐらい出戻りしてまた消えるという場合もありますし。ですから最終的に移籍するまでにはちょっと時間がかかる場合があって、それはそのメスによって違います。

私はたくさんのメスを赤ん坊の時から観察しましたが、ほとんど皆一一歳ごろ生まれた集団から消えてしまいました。それで他の集団からまた一一歳ぐらいの他のメスが入ってくるわけですが、そのメスの一一歳以前のことは見ていません。ですから、一一歳以降の話は、大部分がよそから入ってきたメスのことになります。

メスの順位は年功序列

最初の妊娠は一二〜一四歳です。だから、一三〜一五歳ぐらいで最初の子供が生まれます。Mグループから転出しなかったルビーというメスは早くて、一三歳で出産しました。子供がで

11歳の若メス、コンボ。
Kグループから Mグループに移ってきた日に撮影

きてしまったら、さすがに若者とはいえないので、私たちは一応大人のメスと呼ぶことにしています。

それで第一子を産み、その子が死ななければ、離乳するまで次の子供が生まれませんから、第二子はだいたい五～六年後ということになります。ですから一八～二〇歳ぐらいにまた発情してお尻がまた腫れる。そのへんも人間と大きく違います。五年間全然セックスしないわけですから。

そしてよそから入ってきたメスが、まだ子供をひとり作ったぐらいの時は、集団の縄張りの周辺近くにいることが多いですね。

メスは子供がいるので、オスと比べると多くの場合あまり大きくは動き回らない。縄張りの中でもだいたい南の方にいたり、北の方にいたり、真ん中の方にいたりと、メスそれぞれがよくいる場所はある程度決まっています。それを「コアエリア」と呼んでいます。

オスと違ってメスの順位はほとんど年齢順です。年寄りほど順位が高いのです。他の集団から入ってきたばかりの若いメスは、年長の大人のメスにパント・グラントというあいさつをしますが、中年以降のメス同士はほとんどあいさつしません。ですから順位を判定するのはむずかしいです。

子供が三人ぐらいになった頃には、順位が高くなっていて、コアエリアがだんだん中央部寄りに移ってくるようです。周辺部には他の集団がいて、そのオスに赤ん坊を殺されたりする危険性があるので、縄張りの真ん中のあたりが一番安全です。

あとは歳を取ることに関してはオスと同じですね。ただ、メスはよっぽど高齢にならなければ順位が下がらないというところが大きな違いです。

メスがなん歳まで子供を産めるのか、最近やっとわかりました。

ヒトの女性には更年期というものがあって、たいてい五〇歳を過ぎるともう出産しませんね。女性の寿命を八〇歳とするなら三〇年間も閉経後の寿命というか、「繁殖なき生存」という期間があるわけです。ところが、チンパンジーのメスは寿命近くまで生きていても、出産し続けます。彼らの寿命は五〇歳くらいとおもわれるのに、四〇歳を超えても出産した個体が三頭もいるのです。

女性は子供を生まなくても、孫や甥や姪の生存を助けることによって自分の遺伝子を増やすことができます。しかし、チンパンジーでは娘が移籍するともう会うことがないので、孫の世話など通常はありえないのです。息子の孫とは同じ集団にいるので助けられるはずですが、見分けることができないとおもわれます。

それゆえ、ヒトの女性の更年期というのは、動物界の例外です。

女性は閉経後三〇年以上も生きます。チンパンジーは四〇歳を過ぎても出産し、五〇歳までにはほとんど全員死にますから、閉経後生きられる年数は数年で、しかもそのときまだ最後の子供の世話をしている可能性が高いのです。つまり、子育ても繁殖のうちに入るのですから、繁殖終了後の生存年はほとんどゼロですね。

おばあさんが孫や甥姪の世話をすることによって閉経が起ったと考えるなら、人類進化史上で閉経が起ったのは、夫婦というものが成立した後ということになります。そうでなければ孫世代が自分の息子の子供であるかどうかわかりませんから。

第5章　一日の生活と性行動

——食事と睡眠が中心の生活、交尾時間はわずか七秒

太陽とともに起き、眠る

チンパンジーの一日の生活をお話しします。

まず朝起きるのは、オスと発情したメスは早くて、六時一〇～二〇分ぐらいですね。日の出前のちょっと明るくなった頃ですね。まだ太陽は上がっていないけど、一応あたりがぼんやり見える、そのぐらいの頃です。

ただし、赤ん坊持ちの母親は起きるのが遅く、寝るのも早いという傾向があります。寝るのが一時間かそれ以上早くて、起きるのは二、三〇分から一時間半くらい後ということがあります。もちろんオスたちと同じ時刻に起きることも多いですが。

朝起きた後のスケジュールは決まっていません。

季節によっても違います。マハレには雨期と乾期があって、チンパンジーは乾季のほうが規

カソンタ（第一位オス）がソボンゴを毛づくろい

則正しく活動しますね。というのは、雨季では土砂降りになると活動をやめなければならなくなりますから。一年中はっきりしていることは、朝起きたときと、午後遅くには食事をする、これだけですね。朝夕の食事だけの場合もあれば、一日に四回も五回も食べたりする日もあります。

食事が一日二回だけのときは、朝起きて一〇時ぐらいまでたくさん食べて、それから午後三時ぐらいまで昼寝か休憩ですね。簡単なベッドを作って、あるいは地面にじかに寝ころんで昼寝をしたり、毛づくろいしたりしています。その間、子供は木に登っては飛び降りたり、レスリングしたり、追いかけっこをして遊んでいます。それでまた午後三時ごろから熱心に食物を食べだして、夕方寝るまで食べ続けます。

寝るのは六時半～七時半ぐらいですね。でもオスは時々、もっと遅くまで起きて大騒ぎしている場合もあります。七時半というと日没後ですが、なんとかあたりが見える感じですね。

一日の中で寝ている時間がかなり長いです。長く昼寝して夜も長く寝ている。基本的には、お日様と一緒に起きて、一緒に寝るということです。

木の上でベッドを作って寝る

夜は木の上にベッドを作って、そこで寝ます。ベッド作りには幹が分かれているようなところを選ぶことが多いんですが、そこに周りの木の枝を真ん中に向かって折り曲げていって、まず基礎を作ります。そこに葉っぱの茂った細い枝などを持ってきて、置いてクッションにします。そういうクッション材は、場合によっては隣の木から運んでくることもあります。

そうやって出来上がったベッドはだいたい円形で真ん中がくぼんでいて、そこに彼らは必ず仰向けに寝ます。

彼らのベッドは立派なものですよ。私も木の上に登ってベッドに入ってみましたが、われわれでも十分寝られますね。人間がそこに寝ても壊れるようなことは全然ありません。やはりチンパンジーぐらいの大きさの生き物が、ひと晩をちゃんとそこで過ごせるというのは立派なものです。

ベッド作り

彼らは夜は必ず木の上で寝ます。その一番大きな理由は、危険回避のためですね。ヒョウとライオンは天敵ですし、ヤブイノシシも危険です。木の上の方が安全です。

ただ例外として、アフリカでも象牙海岸のある場所では、地面にベッドを作って寝ているチンパンジーがいるという話があるんですが、そこには彼らを狙うヒョウがいないらしいんですね。

ヒョウは木には一応登れますが、チンパンジーがベッドを作っているような高さまでは、ちょっと登りにくいのだろうと思います。

ヒョウは、殺した獲物を他の動物に盗られないように木の上にもちあげます。それ以外は、高さ数メートルぐらいの枝の上で待ち伏せして、獲物が下を通ったら飛び降りて捕まえるためなんです。木の上で追いかけて捕まえるためではない。だいたい木の上で獲物を捕まえるために両手を使ったら、脚だけで木につかまらないといけないわけで、それはヒョウにはむずかしいだろうとおもいます。殺したらすぐ口に咥えられる程度のサイズの獲物ということになります。だから、グエノンなどのサルぐらいなら捕まえられるでしょう。実際、ヒョウの糞の中から、ブルーモンキーの毛皮を見つけたことがあります。チンパンジーはけっこう身体が大きいですから、木の上で寝ていればヒョウにやられることはないでしょうね。

離乳後の子供は自分でベッドを作ります。赤ん坊は母親が作ったベッドで母親と一緒に寝ますが、離乳したら小さいのを自分で作って、母親とは別々に眠ります。

兄弟仲よく寝ることは全然ありません。離乳したらもう、各自別々です。

アフリカ人の動体視力の凄さ

チンパンジーは夜目はききません。ただ、目は人間よりはよさそうです。

とは言え、人間も人種によって目の良さはかなり違いますね。だいたいアフリカ人は目がいいですよ。マサイ族なんか視力が五ぐらいあるといいますからね。相当遠くが見えている。しかも私が驚いたのは、私たちが双眼鏡で見ているより、アシスタントのアフリカ人が裸眼で見ているほうがずっとよく見えているんですよ。

それともう一つ、何か素早く動いているものを見分ける、その視力がすごいですね。動体視力がすごい。

ある日チンパンジーがケンカしているのを観察していて、私が「最後に蹴ったのはあいつだ」と言ったら、アフリカ人の助手が「違う違う、こいつだ」と言うわけですよ。

私はそんなはずないとおもったんですが、その時たまたまテレビの撮影隊が来ていて、その様子を録画していたんですね。それを後からスローモーションで見てみたら、確かにその助手の言うとおりなんです。不思議で仕方がないんですが、何頭も入り乱れてごちゃごちゃやっているのをちゃんと見分ける、そういう能力がある。彼らにはわれわれよりも動きがゆっくり見えているんじゃないかと思いますね。だから、サッカーの公式審判員に向いてそうですね。どっちが先に反則したかとか。

とにかく私は非常に感心しましたよ。そのチンパンジーのごちゃごちゃを延々と説明してくれるんですから。

アフリカ人の話をしましたが、チンパンジーも目はいいと思いますね。近づいて行って、こっちが気づくより向こうが気づくのが遅いということはまずありませんから。

夜中の交尾はあるか？

基本的には、彼らは夜中はもう寝ているだけです。

ただボス争いの大闘争が夕方にあったとき、争ったオスの一頭が日が落ちて暗くなった後で、川へ水を飲みに行ったことがありました。午後八時ごろでした。闘争であまりにも喉が渇いていたせいかもしれませんが、真っ暗な森の中で水を飲みに行ったので驚きました。

夜の八時半ごろ、私たちのキャンプにあるプレファブの金属壁を叩いたチンパンジーもいました。懐中電灯で調べたら、これもやはり大人のオスでした。

夜中の一時二時ごろにワーワー騒いでいることがときどきあります。そういうときに何が起っているのか、私もよくわからないんですが、もしかしたら発情したメスがいて、夜中にそれを取り合いしているのか、あるいはヒョウなどが徘徊しているのかもしれません。そういったときはベッドを夜中に作り直すことがあるようです。前日にベッドを作ったのを確認して、翌日夜明け前に行ったのに、ベッドはもぬけの殻ということを何度か経験しています。

夜に交尾をするかどうかよくわかりません。

彼らがベッドを作るのを見ていると、発情したメスがベッドを作り始めると、彼女を囲っているオスはその下の方にベッドを作るんです。こうして発情メスを監視しているわけです。監視するのは第一位のオスです。

チンパンジーが起きる前の朝の六時に行って、観察したことがあるんです。そしたら発情メスの方が積極的で、次々とオスのベッドを襲って、お尻突き出して交尾してましたね。

でも夜に観察するのは大変なんですよ。ただでさえ、昼間の観察記を整理しないといけませ

交尾

んし。それでも何回か観察しようとしたことがあるんですが、トーチを持って行ってもよく見えません。それに、照らしたらメスのほうが逃げ出しますからね。

ダブルベッドも作りません。母子以外はみんな別々です。ベッドは寝るためだけのものです。だから私はベッドと言って、巣とは言わないんです。彼らのは巣ではない。巣というのは住みかで、そこで子供を産み育てるものですから。しかし、欧米人がネストという言葉を使うので、私がいくら「ベッド」という言葉を使おうと言っても、欧米志向の仲間たちは「巣」や「ネスト」を使いますね。英語は今や万国語なのだから、英米人の使い方に盲従する必要はないとおもいます。

チンパンジーは「早撃ち」

面白いことにチンパンジーとヒトは一番近い生き物なのに、性行動はえらく違うんです。とくに大きな違いは、彼らの交尾の時間がすごく短くて、七〜八秒しかないことです。

ちなみにボノボは二五秒ぐらいで、チンパンジーと五十歩百歩ですね。ただし類人猿はみんな短いわけではなくて、オランウータンやゴリラは数分から十数分ともっと長いです。交尾時間の長さというのは、オスの間の性の競争と関係しているんです。

チンパンジーの交尾時間が短い理由は、オスがたくさんいて競争で交尾するからです。一方、ゴリラ、オランウータン、ヒトの場合、セックスするとき近くに他のオスはいません。

とにかく早く済ませてしまわなければなりません。とくに順位の低いオスの場合、上位のオスに見つかったら邪魔されてしまいます。だから早く済ませてしまわないと精液を送り込めません。

男性器の形もまったく違います。チンパンジーは睾丸がすごく大きいですが、ペニスはさほどではありません。勃起して八センチくらいです。チンパンジーのペニスの太さは人間の親指ぐらいなので、長細いという感じですね。

ただ、私が勃起したオスのチンパンジーが餌場に出てきたのを初めて見たとき「おお大きい」と言ったら、隣にいたアフリカ人のアシスタントが間髪を入れずに「小さい」と言いました。アフリカ人のは長さも太さも大きいですからね。私が大きいと言ったのは、長いという意味で言ったんですが。

長細くて、セックスの時間も数秒なので、なんだか精液を注射する注射器みたいな感じです。チンパンジーのペニスは、いわゆる「グランス・ペニス」という太い部分が欠けていて、挿入も抜くのもすばやくできるようになっています。

ちなみにボノボはもっと長くて、一四センチもあります。ヒト以外の霊長類では一番ですね。ただ面白いことにゴリラとオランウータンは非常に小さくて、勃起しても、それぞれ三センチと四センチぐらいしかないんです。

野生のゴリラを研究している人がオスとメスを間違えて、オスにメスの名前をつけて観察していたことがあるんです。成長したらメス同士で同性愛ごっこしている。どうもおかしいなと思ったら、本当に交尾していたんですね。あまりにもペニスが小さくてわからなかったので、メスだと思っていた。研究の初期にはそういうこともあったそうです。動物園でさえ雌雄を間違えることがあるそうです。

ほとんどが「無駄撃ち」

ちなみに、チンパンジーは自慰はしません。

少なくとも、マハレのチンパンジーはやりませんね。手でもてあそんだりしているのはときどき見ますが、射精するところはまったく見たことがないです。それからもてあそぶのも、手だけでなく足も届くので、足でいじったりもしています。それを私は「アシターベーション」と呼んでいます。しかし全然射精しないですね。足でこするオスは三頭います。

ジェーン・グドールさんも、ゴンベ公園のチンパンジーはペニスをいじることはしても射精には至らないと書いていますす。加納隆至さんによりますと、ボノボもペニスをいじることがあっても、射精には至らないそうです。

さっきチンパンジーは七秒で射精すると言いましたが、でも回数は何回もできるんです。睾

レモンを食べながらアシターベーション

発情メス二頭とカソンタ（左）

丸がものすごく大きいですしね。あるメスを相手にして射精したのに、それから数分したらまた別のメスと交尾してまた射精している。

自慰はしないけど、チンパンジーは無駄撃ちばかりです。子作りという意味では、セックスしてもほとんど無駄撃ちなんですよ。チンパンジーは。

というのは、彼らは乱交的で、メスは妊娠するまでいろんなオスと何回も交尾します。だから交尾したらそのメスが自分の精子で妊娠するかというと、その確率はものすごく低いです。

交尾したからと言って、「オレの女だ」ということにはなりません。メスの体内で、複数のオスの精子が競争しているのですから。

ただ、メスが発情して性皮が腫れている期間は二週間ぐらいあるんですが、排卵はその最後の日あたりに起ります。そして、排卵日の前の数日は第一位のオスがメスを独占するということが起ります。他のオスがメスに接近すると、追い払います。つまり、囲いこむわけです。

その時に交尾すると子供ができる可能性が高いわけで、そこがリーダーオスの有利なところですね。自分の子孫を残しやすいということです。

第6章　チンパンジーの食生活
――一日二回、集まらないけど同時に食事

同時刻にバラバラに食事する

チンパンジーの食事の様子を、説明しましょう。

人間との大きな違いは、チンパンジーはみんなで集まって食べるということをせず、バラバラになって食べることでしょうね。

人間ならまず夫婦と子供という核家族があって、それから拡大家族というか、おじいちゃんおばあちゃんがいたり甥や姪がいたり、そういう家族が集まって一緒に食べますね。

といって家族が集まって食べるのは人間だけとはいえません。

たとえば、ゴリラの場合一夫多妻の集団があって、同じ場所で食べていますね。人間のように集まって顔つきあわせて、ということはないのですが、同じ時間に同じ場所で食べていることは食べていますね。

その理由としては、あまり食べ物の競争がないということが挙げられます。ゴリラは植物の茎や葉っぱなど、どこにでもあるものを食べるのです。

ゴリラの集団は家族と言ってもかなり大きいものです。大人のオスは一頭だけですが、メスは四頭から六頭ぐらいいますし、それからその子供がいるので、大きい場合は、一家族で二〇頭〜三〇頭の集団を成していて、その集団のままずっと動いている。それはやはり食べ物の競争が少ないからです。ゲラタヒヒなども大きな集団を成していますが、彼らがおもに食べるのはイネ科の葉っぱで、これは草原に行けばいくらでもあるので、やはり競争がなくて集団は大きいです。

その点チンパンジーは熟した果物が中心ですので、食べ物の量が限られているのです。それに身体も大きいですから、もし全員一ヶ所に集まって食べるとすぐ食べ物がなくなって、また長距離移動して熟れた果実がある場所まで行かないといけない。だからある程度、バラバラで食べているわけです。だいたい同じ時刻に食べてはいますが、こいつはここで食べていてあいつは向こうで食べていてという感じで、場合によっては一キロぐらい離れたところで食べていたりします。

ただ、さすがに母親と小さな子供は近くにいて、食べ物の分配もします。離乳するまでの赤ん坊は母親が食べているところに口を持っていったり手を持っていったり、母親の持っている食べ物をつかんで、引っ張って口に入れたりもします。そういうことをしても母親は怒りません。

イチジクを食べるルカシャ▶

でも集団全体としてはどうかというと、だいたい同じ時刻に食べてはいますが、お互い見えないぐらい離れていることが多く、人間の食事の様子とはかなり違いますね。ただし、一本の大木に果物が豊かに実っている場合には、二〇頭以上が集まって食べることがあります。

どんな食べ物を食べるか

彼らの食事メニューを紹介しましょう。

彼らがおもに食べているのは、果物と葉っぱですね。果物の中でいちばん重要なのはキョウチクトウ科のイロンボ（Saba comorensis）です。私も印象としてもっていましたが、伊藤詞子さん（現在、日本モンキーセンター・リサーチフェロー）が量を測ってはっきりさせました。それからたとえばショウガの髄のような、茎の中にある柔らかい繊維質のものとか、いろんなものを食べます。第4章でも話しましたが、肉を食べますし、アリやシロアリなど昆虫も食べます。ベジタリアンでなく雑食性です。

かつては、果物の欠乏時に、狩りをするのではないかと考えられていました。ところが、果物がたくさんなければ、チンパンジーはほとんどコロブス狩りをしないことがわかりました。なぜかというと狩りは、ある程度チンパンジーの数が集まっていないとできないのです。チンパンジーが大きなパーティを作るのは、果実がたくさんあるときです。

獲物になるコロブスザルはあちこち逃げ回りますから、もし少ない頭数で捕まえようとすれば、いちいち木に登ったり降りたりしなければならないので、大変なんです。でも大勢いれば、コロブスがどこへ逃げてもその先に誰かがいるので逃げにくい。だから頭数が多い時にやるわけです。

ただ、肉を食べる量はオスとメスとで違っていて、オスの方がかなり多いです。メスも肉は好きで、オスが捕まえると寄り集まって分配を要求します。自ら狩りに成功した場合も第一位のオスに取られてしまって、その取られたのを少し再分配してもらって食べることも多いですね。

メスはその代わり、アリ釣りをよくやります。オオアリというアリを釣ります。アリ釣りはメスの方がオスより上手だし、時間も長くやっています。

アリはだいたい居場所が決まっていて、それは皆が知っています。幹に穴が空いていてその中にアリの巣があるので、そこに適当な長さの棒を差し込むと、巣の中の兵隊アリがわっとそれに咬みつく。それを引き出してなめ取って食べ、また棒を差し込むということを繰り返します。

昆虫食については地域ごとの食文化みたいなものがあって、ゴンベ公園ではサスライアリを釣って食べています。でもやはりメスの方が釣り上手で、何回もやるといいます。その代わり肉はオスがたくさん食べているというのも、共通しています。

肉の分配

肉は誰に分配するか

肉の分配の話が出たのでついでに言うと、オスは発情して交尾できる状態のメスには、よく肉を分け与えていますね。

それから以前によく交尾して子持ちになったメスにもよく肉を与えているので、それは間接的に自分の子供に有利になるようにしている可能性がありますす。母親を介して、自分の子供に肉を与えているようなものですね。母親のミルクがよく出るようにもなるでしょうし、そしたら自分の子供に栄養を与えるのと同じですから。そのあたりは今後ＤＮＡによる父子判定が進めば、もっとはっきりしたことがわかるとおもいます。

オスは他のオスにも分配します。

大人のオスに分配する量がいちばん多いでしょう。年寄りのオスや自分と同盟関係にあるオスに与

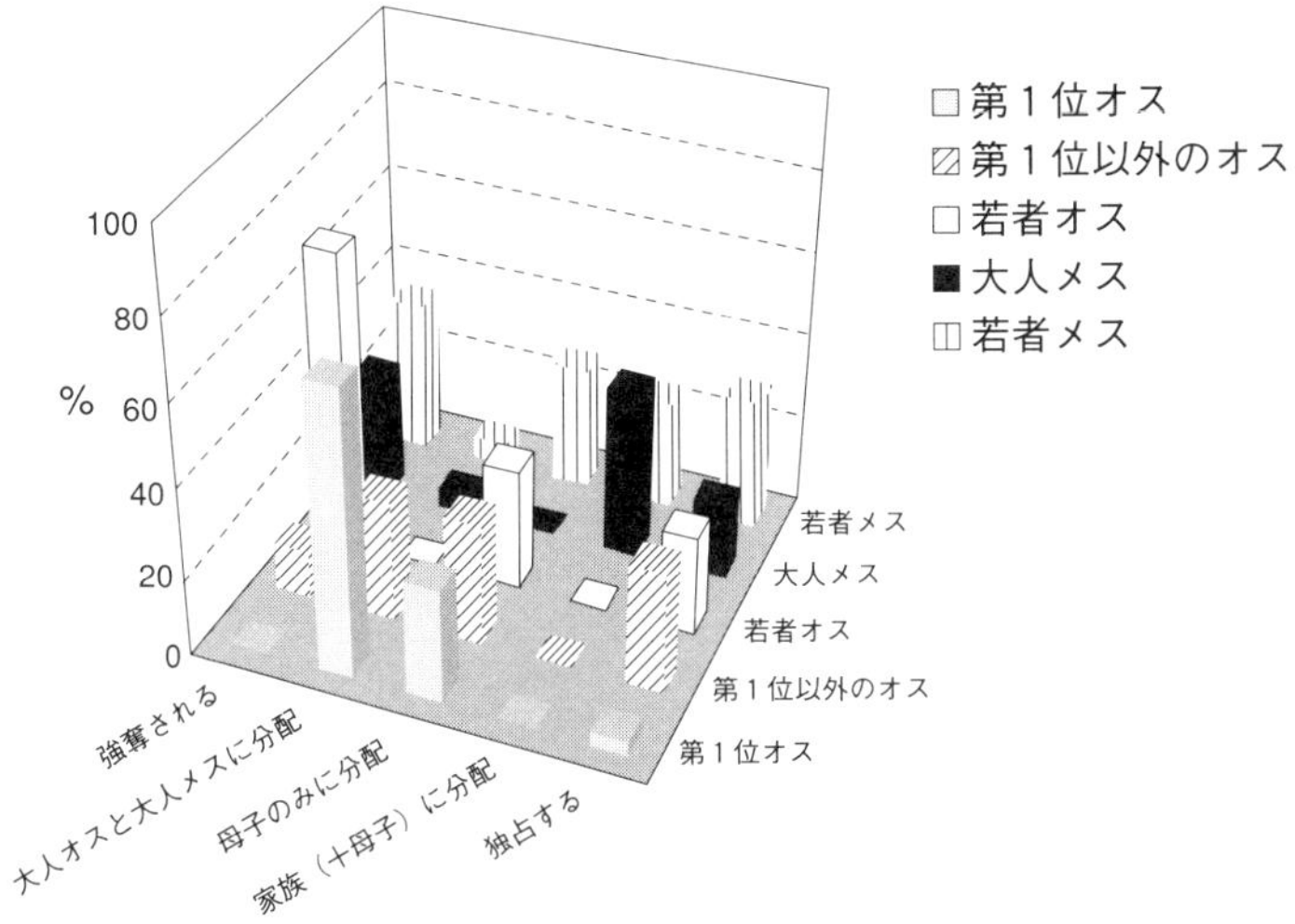

図２　コロブス肉の分配パターン。性年齢クラス間での比較（1991〜1995年）

えます。つまり自分がライバルと戦うときに、影響をおよぼしそうなオスということです。

ただオスに分配すると言っても、それができるのは順位の高いオスだけです。というのももし肉を持っていても、順位の高いオスがいたら取り上げられてしまいますから。結局肉を分配するのは、だいたい第一位か第二位のオスです。

例外もあります。カルンデというオスが第一位だったとき、第二位のシケが大きなコロブス（大人のメス）を捕まえたのです。しかし、カルンデはそれを横取りせずシケが食べるのを横目で見ていました。実は、当時ンサバという第三位のオスがカルンデの地位を脅かしていたのです。ンサバはシケには頭があがりませんでした。それで、カルンデはシケに依存していたのです。シケの反感を買うのが怖くて、カルンデは肉を奪わなかったものとおもいます。

順位の低いオスが狩りに成功したら、なにをさておいてもまず逃げます。第一位オスにみつからないよう、肉をもってどこか遠いところまでさっさと逃げます。そして、ひとりで食べようとしますね。でもメスがそういうのを狙って、後をしつこく追いかけて行くことがあり、そんな時は分配します。

それから、「分配」といってもチンパンジーの分配は、人間のように積極的に渡すのはまれで、たいてい「もっていくのを許す」だけです。だから、チンパンジーの分配行動に高い認知能力を認めない研究者もいます。結局しつこくせがむ個体が分配されているだけで、チンパンジーには分配の戦略などない、というわけです。しかし、こういう意見は、なぜある個体はしつこくせがみ、他の個体はなぜせがまないのか、という点を考えていないのです。しつこくせがむのは、それだけの理由がある（せがむ権利をもっている、たとえば、闘争のとき援助した、といった）というのが私の考えです。

小さな果物や葉は分配しない

大きくて分割が可能なら、植物も分配されます。サトウキビはうまい上に折って分割しやすいのでよく分配されます。ウガンダや象牙海岸、コンゴ民主共和国に自生する大木には直径三〇センチにも達する大きな果物を実らせるのがあり、チンパンジーやボノボが分配もします。ギニアではパパイヤが分配されます。小さな果実は分配しないですね。

第4章で話しましたが、年寄りは木に登るのがおっくうなので、子供や若者が登っている下で、おこぼれを待っていたりするわけです。

だからたまには「うちのお母さんにもちょっと分けてあげよう」ということで、上から意図的に落としても良さそうなものですけど、まったくそういうことはやらないですね。食物をわざと落とすことはありません。

ただし、私たちに向かってわざと木の枝を落とすことはありますよ。でもそれは威嚇のためのミサイルみたいなものでね。

だから果物ごと枝を折って下へ落とすようなことも、やろうとおもえばできるはずなんですが、見たことがありません。オランダのアーネム動物園では、オスがカシの木の梢に登って若い葉を下に落として分配したという話が出てきます。これは、カシの木には電柵がほどこしてあって、一部のオスしか登れないからでしょう。しかし、野生下では登ろうと思えば、誰でも登れるわけです。

チンパンジーの「ごちそう」は？

肉は彼らにとっての「ごちそう」です。誰かが狩りに成功したら大騒ぎになりますので、遠くにいてもわれわれは気づきます。

一方、主食は果物です。「果実が主食」という意味は、採食時間のうち、果実を食べている時間がもっとも長いということです。食べられる果実を見つけるのはけっこう大変です。熟しておいしい果実はサイチョウやアオバトといった鳥も食べますし、アカオザルやヒヒなどのサルも食べます。幹生果といって幹に直接実をつける木がありますが、そのうち木の地面に近い所にできた果物は、ブッシュバックやダイカーといった有蹄類も食べます。つまり、競争にさらされているわけです。

だから熟しきった果実を見つけたときは喜びの声をあげていますね。悲鳴に近い声を出します。「あれっ、悲鳴を上げているな」とおもったら、そういう熟した果物を見つけている。「嬉しい悲鳴」というのはチンパンジーにもあるわけです。

ヒヒなんかは、果物が未熟のままでも食べられるんです。それからコロブスザルは三つぐらいに胃が分かれていて、その中にバクテリアや原虫をもっているので、硬い葉っぱを食べても胃の中で発酵させて、セルローズを消化してしまいます。ウシみたいにね。

でもチンパンジーにしてもヒトにしても、類人猿はセルローズは消化できないし、毒物を解毒する能力も低い。多くのものがそのままでは食べられないから包丁で皮を切りとったり、アク抜きや加熱などの技術を生み出したと言えます。つまり、類人猿の劣った消化能力が人類の料理の起源ですね。

消化能力、解毒能力の高い動物は料理を発明する必要はないわけです。普通のサルならけっこうなんでも消化できてしまうので、そんなの必要ないわけです。

ヒトはウシに自分では食べられない草などを食べさせて、肉に変えて食べています。チンパンジーもコロブスに木の葉を代わりに消化してもらっています。

面白いことに、チンパンジーの狩りの獲物の九〇パーセントは、コロブスザルなんです。他にもサルはいて、アカオザルなんて数からいえばコロブスと同じぐらいいるんですが、チンパンジーはほとんどコロブスばかり食べる。どうしてなのかは決着がついていません。コロブスの群れサイズの方が大きいのでみつけやすく捕まえやすいという説、コロブスのほうが頭が悪いのでよく捕まるという説と、コロブスのほうが味がよいのだという説と三つあります。相互に排他的な仮説ではないので、どれが正しいか、あるいはどれも正しいのか決着がつけられません。

味覚はヒトに近い

彼らがコロブスを食べるときが面白いんです。彼らはコロブスの腹を犬歯で裂くので、腸が出てきます。それで腸の中に入っている緑色のどろどろしたものを喜んで食べているんです。これはとくにメスの大好物です。

でも要するに、糞になる寸前のようなものを食べているわけですから、見ていると「なんだか汚いなあ」と思うんですが、彼らはもう夢中になって食べていますね。

チンパンジーの方が他のサルより舌が肥えているのかどうかはわかりません。しかし、味覚はヒトに非常に近いことが、実験で確かめられています。

たとえば苦味物質を使った実験があります。飲み物にそういう物質を、初めは少しだけ入れて飲ませる。それから苦味の量をだんだん増やしていって、どこまで増やしたら飲まなくなるかというのを調べたら、ヒトもチンパンジーもだいたい同じぐらいの濃度で拒否するんですね。

逆に非常に苦いところからだんだん減らしていって、どのあたりで飲むかというのを調べてみても、やっぱりヒトとチンパンジーは近いんです。アカゲザルなんかも近いことは近いんですが、チンパンジーよりは遠い。だから味覚はヒトにかなり近いです。

今のところ、実験されたものの中ではヒトとチンパンジーが一番近いですね。ほとんどの霊長類はまだ調べられていないので、わかりませんが。

私自身、チンパンジーの食べ物をかなりいろいろ試食して、おいしさを採点してみたことがあります。結論から言うと、彼らの食べ物はだいたい私の口にも合う感じですね。果物は甘いか、甘酸っぱいものが多いです。木の葉は苦いものが驚くほど少なかった。草本の茎の髄はあまり味はしませんが、不快な味のものはまったくなかったです。

現地の子供たちがサカマ（Myrianthus arboreus）という大好物の甘酸っぱい果物を取っていたときに、チンパンジーたちがやってきたことがあったんです。すると子供たちはみんな逃げてしまって、せっかくの収穫を全部チンパンジーに取られてしまいました。

それから面白いことに、現地のトングェ族もコロブスザルだけは食べて、他のサルは全然食べないんです。もっとも、これは偶然の一致か、ヒトと食べ物の好みが共通しているせいかよくわかりません。

「旬」を覚えている

チンパンジーは食べ物の分布をちゃんと覚えていますね。というのは、「そろそろ何々の実がなる季節だな」とおもったら、彼らはその木の所まで行って、まだ実がなっていないのに見上げています。初めは何をしているのかなとおもいましたが、そろそろだなという時期が来たら、自分からその木を目指して行くわけです。つまり以前食べた時から一年たっていて、その間には他の食べ物を食べていたわけですが、忘れずにチェックしに行ったのです。

それに見上げている木は、その前の年の同じ月に食べていた果物がなる木なんですね。そこには他の木も生えているのですが、見上げているのはその種類の木なのです。見ていたのはオス中心のパーティでした。

だいたいオスが先にそういうのを発見することが多いです。というのは、オスの方がずっと広く動きますから。メスの方は子供のいるせいもあってあまり動きません。自分の近くに食べ物がある限りはそれを食べていく感じですね。

オスは食べ物を発見すると大きな声で鳴きます。これはおそらくよく鳴くやつがメスとよく交尾できるということじゃないかと思います。

単純に考えれば、見つけてもそれを知らせたら自分の取り分が減りますから、損なわけです。そもそもメスでなく、他のオスが来るかもしれない。本当はこっそりひとり占めした方がいいのに、それをわざわざ大声を出して「ここにあるぞ」と言うということは、それを聞いてメスたちがやってきて「あの人が発見したのか」ということでモテる可能性がある。

まだ仮説の段階ですけれど。もしそういうことをやるオスの方がたくさん子供を持っていればそれを証明できるわけですが、さっきも言ったように父子判定はまだ始めたばかりですから。

十数頭の赤ん坊の父親がわかったんですが、そのぐらいの頭数ではこういった問題を解決するにはまだ少ないですね。五〇頭ぐらい子供の父親がわかれば、もっといろいろわかってくるとおもいます。「こういう行動をするオスは、より子供を残しやすい」といったことがきちんとわかってくるのは、まだこれからですね。

共通祖先も食事は一日一回？

結局、チンパンジーの味覚は人間に近いけど、各自バラバラで食べるというところが違っています。食事を同時に一ヶ所で取るというのは、かなり人間的なものだということですね。男と女の分業ということ、あるいは人間家族の起源とともに古いのかもしれません。少なくとも、食べ物を交換するベースキャンプがなければなりません。ホモ・イレクタス時代に、火を使って料理をするようになったので、煮炊きしたものを分配して食べるということで、暖かいものを食べる必要から一緒に食べるようになったのでしょう。ですからこれは共通祖先が持っていないレパートリーということですね。

人類の歴史を考えれば、おそらく農耕が始まってからは、ますますみんな一緒に食べることになったのでしょう。食べ物の取れる場所を田んぼや畑など、特定の場所に集中させて、移動の必要をなくしたわけですから。

ただチンパンジーたちも、場所はバラバラでも食べる時間はだいたい一致しているというのが、面白いところだと私はおもっています。それは共通祖先からあった基礎的なものでしょうね。

夜が長いですから、朝起きたら当然お腹がすくわけで、まずそれで食べて、日没前にも食べてという、共通祖先も基本的にはその二回は必須ではなかったかとおもいます。

日本人は今、普通は朝昼晩と三回食べていますが、それも国や地域によって違います。私が最初に行った当時のチンパンジーの調査地の村人は、一日二食もなかったぐらいですよ。一食半ぐらいでしたね。

だいたい砂糖もないような所ですから。朝は「ウジ」という飲み物があって、トウモロコシの粉をお湯で溶かしたようなものですが、そんなものをちょっと飲んで仕事に出かけていました。もうわずかなおやつみたいなもので、とても朝食とはいえないです。

ちゃんと食べるのは仕事をしてきた後の、午後一時から三時の間ぐらいの一回だけでしたね。あとは生のキャッサバのイモをかじったりバナナなど果物を食べたりと、間食はありましたが。

その午後の一回が昼食・夕食の兼用です。ただし今ではずいぶん西洋文明の影響が入ってきて、彼らの食生活も大きく変わってきていますが、当時はそんなものでしたね。

農耕を開始してからは、人類は消化がよく非常に高カロリーの食べ物を一度に多量に食べることができるようになりました。だから、一回でも二回でも三回でもよいのですね。

第7章　チンパンジーの文化
――地域によって行動が違う

動物にも文化はあるか？

同じチンパンジーでも地域によって、食べ物や行動に違いがあります。私たちは、チンパンジーにも地域の文化があると考えています。ただ普通は「文化」というのは、人間だけが持っている行動パターンだと考えられているんです。

要するに「文化」と言った場合は、言語や文字なども含んだ、なにか高度なものだと通常考えられているので、サルがイモを洗うぐらいの簡単なことを文化と呼ぶべきではない、ということなんですね。

だから、今西先生たちが研究しだした頃には、「文化」と言うと文化人類学者や民族学者に叱られるので、カタカナで「カルチャー」と書いたり、「プレカルチャー」「サブカルチャー」「プロトカルチャー」などと言ったりしていました。

「文化」という言葉には、一九五〇年代ごろに定義がすでに一五〇もあったらしいんです。文化の定義というテーマで論文を書いた人が何人もいるほどです。私も以前それらのいくつかを読みかけたんですが、どれもあまりにも長ったらしくて、読むのがいやになって途中でやめてしまいました。人文・社会系の学者は論文は長い方がよいと考えているようです。理系とまったく違うのです。理系では短かければ短いほどいいのです。

私たちは、今西さんの作った定義を少し改変して使っています。「生後に同種の他の個体から社会的に学習する情報で、世代から世代へと受け継がれていくもの」というものです。

この定義ならヒトの文化も含まれますし、サルの仲間以外でもたとえばミヤコドリやニューギニアの「ニワシドリ」、ラッコやアフリカゾウなど、生後に学習した要素をもった行動をする動物がいますが、そういった動物にも使えます。

一九九九年に面白い発見がありました。よその集団から若いメスがMグループに移籍してきたのです。毎年、一～二頭入ってきます。サリーと名づけたそのメスは、おもしろい習慣を持っていました。谷に入り肩ちかくまで水につかって藻を食べるのです。坂巻哲也君（現在、明治学院大学助教）が発見しビデオに撮影しました。Mグループでそれまで誰も見たことがない行動なので、驚きました。Mグループのチンパンジーは藻をまったく食べませんし、大人は水に入ることをできる限り避けますし、いわんや肩まで水につかることはありません。

谷水の中で藻を漁るという行動は、おそらくマハレの山地に住む集団の食習慣ではないかと

サリーの水藻食い（坂巻哲也撮影）

思うんです。これは、新しい習慣が広まるのを観察するチャンスではないかと皆で気をつけてみていました。しかし、この習慣はまったく広まりませんでしたね。たしかに、サリーが藻を食べるところを他のMグループのチンパンジーは見つめることはするのですが。

しかし、この件をもってチンパンジーはヒトより保守的であると必ずしもいえません。

たとえば、イナゴを食べる習慣をもっている女性が食べない村に嫁入りしてきたとします。イナゴを食べる習慣が広まるより、その女性もイナゴを食べるのをやめるのではないでしょうか？　ひとりが持ち込んだ新しい習慣というものは、なかなか多数派にはならないようです。

一方、一頭の個体が多数の習慣を見習うのは容易なようです。Mグループには一年に一頭か二頭、若いメスが移籍してきます。こういったメスは驚くほど早く人に慣れます。もちろん個体によって早い遅いはありますが、一週間から一ヶ月でわれわれから一〇メートル以内で平気になります。Mグループの人づけは一〇年以上かかりました。入ってきたメスは在住の仲間が人間を恐れないので、その態度を見習ったのでしょう。

少数のよそ者がもちこんだ習慣は広がらないという傾向はチンパンジーでもヒトでも同様です。しかし、もう一つ問題点があります。

チンパンジーは「模倣」という点ではヒトと大違いなのです。チンパンジーはあまり真似をしないですね。カルンデという大人のオスは、いつの頃からか風邪を引いたとき、細い棒を鼻孔に突っ込んでその刺激でクシャミをしてドバッと洟を出して鼻づまりを解消させるという「技術」をもっています。この行動は、一九九二年に発見しました。その後カルンデは風邪を引くごとに棒を突っ込むのを観察されているのですが、他のチンパンジーは誰もやりません。一五年もたちましたが、まったく真似をする者がいないのです。

クリスマスと名づけた若いオスは威嚇ディスプレーのとき、片手で腹を叩いてパンパンと大きな音を立てます。片手でぶら下がっているときでもできるので地上・樹上どちらでも使えるわけです。この行動を最初に見てから五年はたっています。クリスマスはまだ続けていますが、他に一頭のオスがやるだけです。そのお母さんのクリスチーナは、少なくとも数ヶ月間赤ん坊の娘の首をくわえて運びました。ダーウィンという若いオスが同じ赤ん坊をくわえるのをみま

クリスマスの腹叩き

したが、他に真似をする個体は出てきませんでした。

「岩の水中投下」はマハレの文化？

チンパンジーの「文化」で、面白いものを紹介しましょう。

オスの威嚇誇示で面白いのは、前にもちょっと言いましたが、両手で大きな石を川に投げ込むというのがあります。これはゴンベ公園のジェーン・グドールに尋ねてみたら、「いや、こっちではそんなことはやらない」と言ってました。石を投げることもするし、狙って投げることもあるが、川の中に狙い投げすることはないそうです。だから、これも、マハレの「文化」でしょうね。これは大人の、しかも順位の高いオスしかやりません。

これは子供には無理でしょうが、大人ならどこのチンパンジーでもできるはずです。五キロ以上あるような大きな石を選んで、両手で持ち上げて仁王立ちになって、川の中のちょっと水が深いようなところにボーンと放り込むんです。大きなしぶきがあがります。ドーンあるいはザブーンという音と、しぶきが狙いですね。一頭がそれをやっていて、あとはみんな見物人で、みんな「おーっ」と鳴きますね。

要するに実際にケンカはしないで、「おれはこんなに強いぞ」というのを見せているわけです。実際にケンカになった場合のケガのリスクを避けるためにやるわけです。これはチンパン

岩投げ（ビデオより中村美知夫描く）

ジーに限らず、シカやそれこそ魚などでもあるらしいですね。横並びになってどっちが身体が大きいかを比べるという。

相手の方が身体が大きいなとわかったら、もう逃げるが勝ちというか。勝つ見込みが小さいのに、実際にケンカするのは馬鹿げているわけですから。チンパンジーが石をボンとやるのも、同じことです。

ただそれがゴンベでは見られなくてマハレにはあるというのは、おそらくマハレの環境の影響もあるとおもいます。というのは、マハレには大きな山があって、水の豊富な谷がたくさんあるんです。

チンパンジーは必ず一日何回か水を飲みますから、チンパンジーの居住域にまったく水がないということはないわけで、だからそういう石の投げ込みは本当はどこで発達してもいいわけです。ただとくにマハレで発達したのは、大きな川がたくさんあることが影響しているかなという気はしますが。つまり、こういう行動を試してみる機会は多いでしょう。しかし、川や石があるかないかだけで決まっているわけでないことは、ゴンベにはないことで証明されています。

身体の掻き方が違う!

それからわりと最近発見されたのは、他の誰かの身体を掻くということですね。これも地域によってやり方が違うんです。

自分の身体を掻くというのはえらく簡単なことで、当然どのチンパンジーも掻きますし、ニホンザルも掻きますし、ゾウなんかはわざわざ棒切れを鼻でつまんで、それで背中を掻くといいます。とにかく身体を掻く動物はいくらでもいるわけですが、ただ他人の身体を掻いてやるというのはちょっと話が違うようです。

毛づくろいはお互いにやるんですが、あれは毛についたシラミなどの、寄生虫を取っているんですね。他の個体を毛づくろいすることはよく知られています。いろんなサルがやります。

ところが、不思議なことに相手の身体の痒そうなところをひっかいてやるということは違うようなのです。私は調査当初から他のチンパンジーを掻く行動は見ていたので、それを文化だとはまったく想像もしていませんでした。どこでもやるんだろうとおもっていたんです。

そしたら実は、集団によってやるところとやらないところがあることがわかりました。ゴンベのチンパンジーの行動を詳しく知っているビル・マックグルーさんがマハレに来て、「他の個体を掻くのはゴンベで見たことがない」と言い出したのです。彼は利き手の研究の一環として、毛づくろいをどちらので手を使ってよくするかという問題をゴンベで調べていて、毛づくろいや掻く行動には特別敏感だったのです。それが九〇年代の終わり頃のことです。それを聞いて中村美知夫君が、その行動を「ソーシャル・スクラッチ」と名づけ、詳しく分析しました。それで他の場所の研究者たちも調べ始めたのですが、やらない場所の方が多いみたいです。

それで私は、そんなことまで違いがあるのかとおもって、ウガンダのキバレ森林のンゴゴ地区へ、二〇〇一年に「カルチャーハンティング」に行ったんです。つまりなにかマハレのチンパンジーとは違う行動を発見することを目的にして、記録用のビデオを持って行ってね。

それで行ってみたら、そこでもソーシャル・スクラッチをやるんですが、なんとやり方が違うんです。マハレでは四本の指を曲げて、なでるように掻くタイプなんですが、ウガンダの場合は四本の指を揃えて立てて、つつくように掻くタイプなんです。

「ええっ、掻くなんていうこんな単純なことがなんで違うんだ」とおもって、当初は信じられなくて。でもキバレのオスを十数頭見たんですが、みんなそのやり方なんですね。マハレとは流儀が違うのです。

私はマハレのやり方に「ストローク型」、ウガンダのやり方に「ポーク型」と名前をつけて、論文にしました。でもマハレでもう一回よく見たら、マハレにも「ポーク型」をやるアコというメスが一頭いましたね。しかし、アコはストローク型の方もやるのです。アコの娘であるアカディアはストローク型でした。

こういった例からいうと、どこでも「ストローク型」、「ポーク型」のどちらでも発達させる

マハレでのソーシャル・スクラッチ

キバレ森林で見たソーシャル・スクラッチ

可能性があるのに、ある年月がたつと、集団ごとに一方の型の方に限られてしまうのですね。

シラミを見つけたときの「音」も違う

そのカルチャーハンティングのときにもう一つ気がついた違いがあるのです。マハレでは毛づくろいする時に、口をパクパクさせるような音が聞こえるんです。

なにを取っているかはよく見えないんですけどね。座馬耕一郎君（現在、林原類人猿研究センター研究員）によるとおそらく普通はシラミの卵を取っているらしいのです。それでときどき成虫のシラミやダニを発見した時にそういう音を立てているんじゃないかと想像しています。そんなとき、チンパンジーはすごく興奮しています。

それでその音もどこでも同じかとおもっていました。ところが、キバレでは「ズッズズッ」というような音を立てているんですね。ちょっと汚い例えで申し訳ないですが、つばを前歯のすき間から舌で押し出しているような音です。「なんだこの音は」とおもって近づいてみると、マハレだったらまさにパクパクという音を立ててるような時に、その「ズッズズッ」をやっている。

そこで研究しているジョン・ミタニさん（ミシガン大学教授）に「ここではパクパクという音はさせないのか」と聞いてみると「いや、こんな音だ」と言うので、へえーとおもって。

右手に小枝をもち、左足の親指の爪の下に産みつけられたスナノミの卵を取ろうとしている

毛づくろい、シラミ取りなんてチンパンジーの最も基本的な行動です。日本人は今はもうシラミ取りはしませんが、終戦後まではやっていました。私が小学生のとき進駐軍が学校にDDTを配給したほどです。かつては、どの民族もシラミ取りをしていました。今でも東南アジアやアフリカの農民や狩猟採集民は毎日のようにシラミ取りをやっています。アフリカでは子供のシラミを取るのは、お母さんの大事な仕事です。

だから共通祖先もシラミ取りをやっていたことは間違いない。だって、チンパンジーよりもっと前に分かれたニホンザルでもやるわけですから、六〇〇万年前ではなくて二〇〇〇万年以上前からやっている行動だと思います。

ところがマハレとキバレでは音が違うというわけです。

スナノミを取るチンパンジーを取り囲む

身体につくのはシラミだけではなく、スナノミやダニもつくでしょう。スナノミはチンパンジーの足の爪と肉の間に入っていって、中に卵を産みつけるんですね。私たち人間もやられ、野外生活のうっとおしい一面です。ます。爪を爪切りで切って、安全ピンを使って取ります。

それをチンパンジーはだいたい手と歯を使って取るわけですが、彼らはそれを発見すると、もうみんな集まって覗きこんでいるんですね。興味津々のようです。多い時は尻を外に向けたのが一〇頭ぐらい並んで、その中に一頭スナノミを持っているやつがいるわけです。

なんであんなに興味を持っているのかなとおもうんですけど。珍しいことはないはずですが。なぜそんなにチンパンジーが興味を持つのか謎というほかありません。

シラミ取りの「お作法」

それで面白いのは、シラミ取りの時に葉っぱを使うんです。口で取ったものを葉っぱの上に出して、葉っぱで挟んでつぶすんです。そしてつぶした後また葉っぱを開けて、もう一回覗き見ているんです。

こうして、葉を使ってシラミに対処する一連の行動も文化なんです。それも面白いことに、二〜三歳の子供も葉っぱを使って同じことをするんですが、シラミもいないのにやっているのです。なんだかお母さんもやっているから、同じように葉っぱをいじってみようという感じでやっているみたいです。

だって大人は毛づくろいの途中かその後にそれをやるのに、子供がやるときは毛づくろいもしないで、葉っぱをつかんで取ってやっていますから、シラミがいるわけがありません。おままごとみたいなものでしょう。「お作法」を真似して。子供の発達過程の一環かもしれません。

でもその、挟んでいるものがシラミだとわかるまでが大変だったんです。われわれはだいたい数メートル離れて観察しているわけで、「なにか点のようなものを葉っぱの上に出しているな」とわかっても、それがシラミかどうかわかる距離まで近づいたら、逃げられてしまいますから。

シラミだと判明したのはつい最近のことなんです。それは座馬耕一郎君がやった仕事ですが、人によく慣れている大人のオスがそれをやっていたので、よく見ようとして近づいたら葉っぱを置いて移動した。それでその葉っぱを持って帰って顕微鏡で観察して、初めてわかったわけです。

チンパンジーが生まれた後に行動を覚えていく

求愛誇示にも、地域によって違いがありますね。

マハレで一番よくある求愛誇示は、片手で木の葉の中肋《ちゅうろく》（軸）を持って葉身を口に咥え、軸を横に引っ張ってビリビリビリッと音を立てて破き、軸だけにしてしまうんです。それで軸だけになったやつは捨てて、また別の葉っぱをとってビリビリビリッと破く。すると発情したメスがその音に気づいてやってきて、交尾が起こるわけです。要するにそのビリビリッという音で合図しているんですね。「葉の咬みちぎり誇示」（リーフクリップ）と呼んでいます。

もう一つは、地面に座って、灌木や草本を折り曲げてクッションを作る行動です。それが発情メスを呼ぶ合図になるのです。「灌木曲げ誇示」と呼んでいます。

これらの仕草は二つともマハレのチンパンジー特有で、他の集団のチンパンジーは求愛誇示としてはやらないんです。ただし、「葉の咬みちぎり」はオス、発情メスの双方がやりますが、

ダーウィンの
リーフクリップ

灌木曲げ

「灌木曲げ」はオスだけです。

マハレも含めて、チンパンジー全体に共通する求愛誇示行動としては、低い木を片手で揺らす「枝ゆすり」があります。また、座るか二本脚で立ち上がり、両腕を広げて招くというパターンもあります。それから「スタンピング」といって、片足で繰り返し地面を踏んだりします。そういったものと組み合わせて、最終的には膝を立て両脚を開いて座って、ペニスが見えるようにします。

そのときに大事なのは、オスのペニスが勃起していることです。だから合図はいろいろ違っても、メスは肝心のそこを見ているので、求愛の動作だということがわかるわけです。

求愛誇示は次世代を生むために必要なものですから、基本中の基本みたいなものだと思うんですけどね。でも地域によって違いがあるので、それもやはり文化ですね。

それで私は、毛づくろいにせよ求愛誇示にせよ、そういう基本的なことまで違うということは、チンパンジーでもほとんどの行動は生後に修飾を受ける、つまり習得する要素があるのではないかと考えるようになりました。今までは、生まれた後に大部分の行動を習得していくのは人間だけと言われていたんです。野生動物というのは本能的に行動しているものだとおもわれていました。

ヒトでも他の動物でも、衝動は生まれつき備えたものです。多くの動物では、その表出の仕方も本能的なんですが、少なくともチンパンジーはそうではないということです。人間みたいに新しい行動を覚えていくわけです。

文化か？　流行か？

そういう地域差には、文化もありますが、一時的な流行もあります。広い意味では、流行も文化のうちです。一時的な流行といっても、世代から世代へと伝わらないとは限らず、何年もたってから復活ということは人間世界ではよくありますね。ミニスカートの流行とか。

最近、松坂崇久君という学生（現在、日本モンキーセンター研究員）が発見したことですが、川のそばに大きい木があって、そのうろというか穴の中に水がたまっていることがあるんです。そこでチンパンジーの子供が、スポンジ作りという遊びをやるんです。木の葉をくしゃくしゃにして、その穴に入れて、水を含ませてその水を飲むということをする。

面白いのは、川でも同じことをやることです。川なら水を飲むときはそのまま口をつけて飲めばいいわけで、なにもスポンジを作る必要なんてないのに、やっている。だからやはり、道具を使った遊びですね。

私は以前はそんなの見たことなかったんです。それが二〇〇〇年ぐらいから見られるようになり、今も見られます。やっているのは子供だけで、大人は全然やらない。子供から子供へと伝わっているわけですね。

クリスマスのリーフスプーン

ミチオのリーフスポンジ

いずれ消えてしまうかもしれませんが、生後、社会的学習によって獲得されたという要素を重視する立場からは、文化の範疇に入れてもよいでしょう。

先ほど言った葉っぱをビリビリやる求愛誇示は、発見したのが一九七一年で、もう三五年もたっていて、今でもやっています。だから文化と呼んでもいいとおもいます。世代も変わりましたし。発見したころのチンパンジーはもうほとんどいなくなって、集団の顔ぶれが変わっても続いているわけですから。

このように世代を超えて伝わっているのもありますが、一方遊びの中では、流行みたいなものが生まれては消えているとおもわれます。

チンパンジーに「会話」はあるか？

チンパンジーはいろんな声を出しますけど、一番目立つのは「パント・フート」といって、二キロ先ぐらいまで届くような非常に大きな声です。われわれが「ヤッホー」というような感じの。

ひそひそ話にあたるような声は少ないですね。それは昔、伊谷さんがニホンザルを調べた時に、音声が三七種類あると人類学会で発表したら、「そんな三七種なんてあるはずがない、サルはキャッキャッ鳴いているだけじゃないか」という反対意見が来て、当時まだ若かった伊谷

パント・フートするオス

さんは人類学会の壇上でサルの鳴きまねをさせられたそうです。さすがに三七種類全部やったかどうかは知りませんが。

ただその伊谷さんの仕事でわかったことは、人間なら大事な話は近い距離で比較的小さな声でしゃべりますよね。でもニホンザルではそういう音声は、分類してみると三七種のうち四種類ぐらいしかないんです。だいたいは遠距離の、みんなに聞こえるような大きな声です。

チンパンジーの「パント・フート」にはいろんな意味があって、大移動している途中で鳴きますし、果物のなる木に到着した時にも鳴きますし、さあ出発だという時にも鳴きます。それから隣の集団が近くにいる時に威嚇のためにも鳴きますし、オス間の順位争いのときにも鳴きますし、いろんなことに使われていますね。

それぞれ鳴き声が違うのかと訊かれますと、

私の耳にはそんなに違いがあるようには聞こえませんね。「同じように聞こえるけど、ちょっと違う」と言う人もいますが。

パント・フートは会話みたいにはなりません。

もちろん鳴き返すことはありますよ。こっちがワーッと鳴いたら向こうもワーッと鳴いてくるときはありますが、まあその意味というと、少なくともその声の場所にいるということと、あとはなにをしているかが推定できるかもしれないという程度で、それ以上のことは無理ですね。

チンパンジーはイメージで思考している

音声に関しては、類人猿がヒトに近いかというと、必ずしもそうではないんです。サバンナモンキーというアフリカのサルは、少なくともヘビとワシとヒョウと三種類に対しては別々の声を出します。もっと鳴き分けているのではないかとも言われていますが。

その三つの敵のそれぞれに出会ったときに、他の仲間に異なる音声で知らせるわけです。すると仲間の反応も、「ヘビだ」という鳴き声の時はみんな地面を見ますし、「ワシだ」という鳴き声の時はみんな空を見ます。要するに危険信号ですね。

普通はたとえばライオンに遭ったなら、「危ない」だけでなく「ライオンが来たから危ないぞ」

と詳しい情報まで伝えられるのは、人間だけだと思われていて、小中学校の教科書にもそう書いてあったりするんですが、そんなことはない。例外はあるわけです。

チンパンジーには会話できるような言葉はないからといって、思考もたいしてしていないとはいえません。

意識は人間だけにあるとずっと言われていて、動物には情動はあっても、思考などは欠けているんだろうとおもわれていました。

でもそれは野外で見ていても、チンパンジーはものを考えているとしかおもわれません。ただ、いろんな考えというのは言葉ではなく、頭の中のいろんなイメージでやっているのでしょうね。かつては言葉がないと　はっきりした思考はできないとも言われていましたが。

言葉に頼らずにお互いを理解している

チンパンジー同士の意思伝達は、音声と表情、それに姿勢とジェスチャーでやっています。類人猿など人間に近いものは、ジェスチャーも非常に人間と似ています。

たとえば前に子供が離乳するときの話をしましたが、子供は背中に乗りたがっているのを、母親が「自分で歩きなさい」という感じで背中を押したりする、そういう仕草は非常に人間的ですね。

それから食事のとき、母親が食べているものが欲しければ子供は手を伸ばしますし。それも最初は母親が持って食べているのをそのまま取ろうとするんですが、そのうちだんだん、儀式化してくるというか、いかにも「下さい」という感じの手の出し方になってきます。人間の子供が「ちょうだい」って手を出すのと似ています。

そういう、人間でも使うような仕草が、チンパンジーの子供の発達の中にも出てくるので、それは見ていて非常に面白いですね。

そういう簡単なことなら、身振りだけで大抵のことはできるわけです。それは観察していて「ああいう仕草はわれわれもよくするな」といつもおもいます。だから基本的なところでは言葉はあまり必要ないみたいですね。むしろ言葉がないだけに、会ったらすぐに相手がなにを考えているかわかっているような感じです。

われわれ人間同士は知人でも、この人はなにを考えているのか、なにをしようとしているのかすぐにはわからないですよね。しかしチンパンジーはお互いすぐにわかっているようです。

言葉に頼らない相互理解があるようです。すぐにわかり合って一緒にいろいろやっていますからね。もし人間なら「あれをこうしよう」とか、なにか言わないとなにも始まらないようなことでもね。チンパンジーを見ていて一番感心するのは、そういうときですね。

第8章 「騙《だま》し」と「遊び」

——詐欺も戦争も太古の昔から？

チンパンジーの詐欺事件？

チンパンジーが高い知能を持っていることを示す格好の証拠として、他のチンパンジーを騙《だま》すことが挙げられます。欺瞞の能力があるということですね。

一例として、こういうことがありました。ある母親に二歳半ぐらいの赤ん坊がいたのですが、その子がある日病気で死んでしまったんです。

母親はそういう、死んだばかりの赤ん坊は手離さないんです。三ヶ月以上持ち運んだ例もあります。その母親もそうやって死んだばかりの子供を持ち運んでいたんですが、そしたらンサバという大人のオスが、その母親にゆっくりと近づいていって、毛づくろいをし始めたんですね。私はそれを「ああンサバってのは優しいやつだな」とおもって見ていたんです。母親はショックを受けてますから、「かわいそうに」とおもって毛づくろいしてやっているように見えたたんですね。

　そしたら私が見ている目の前でンサバがパッと手を伸ばして、赤ん坊の死体を奪って逃げてしまったんです。もちろん母親はンサバを追いかけて走っていって、私もその後をあわてて走っていきました。赤ん坊をどうするつもりなのか確かめようと思って。しかしとてもチンパンジーに追いつくことはできません。他の人にも探してもらったんですが、ンサバはその死体を持ったまま行方がわからなくなってしまった。

　私はもしかしたら、その赤ん坊をどこかへ持って行って食べるつもりではないかとおもったんです。赤ん坊を殺して食べるという事件はすでになんどかあったので。死体といってもその日の朝はまだ生きていたので、肉は新しいわけです。それで食べるかどうかをその日のうちに見たかったんですが、見失ってしまったので、次の日にアシスタント三人ぐらいに、ンサバを必ず探し出し糞を取ってくるよう命じました。

　そしたらそのうち一人がちゃんと見つけて持って帰って来た。それでその糞を湖に持っていき、洗ってみたら、やっぱりチンパンジーの黒い毛が出てきたんです。食べたという動かぬ証拠が出てきました。母親を慰めるふりをして、本当の目的は肉にあったわけです。

子供が母親をあざむく

そういう相手をあざむくようなことは、子供のチンパンジーでもやります。これはさっきの話とは違って、可愛いものですが。

だいぶ前の話ですが、カタビという五歳ぐらいのオスがいて、なかなか離乳したがらなかったんです。母親の方は拒否して、おっぱいを飲ませないようにするんですが、カタビのほうはなんとか飲もうとして、お母さんを毛づくろいしたりする。それで母親がちょっとリラックスしたら、そのすきにおっぱいに飛びついて飲んだり、そういうことをしていたんですね。でもしばらくすると母親はそういうこともすべて拒否して、もう地面にうつぶせになったりして、おっぱいに接近することを許さないのです。離乳させるためです。

すると、カタビは母親からどんどん離れてしまうのです。ところが離れてはチラッチラッと母親の方をチェックします。明らかに母親の反応を調べているのです。それでも母親が知らん顔しているとものすごい金切り声をあげます。

それでも母親が注文に応じないときは奥の手があります。私は五メートルぐらい離れたところからその様子を観察していたんですが、カタビが私のところにやって来たんですよ。なにかと思ったら、私の目の前まで来て、私の方を見ながら地面にあお向けになって、ウワーッと泣き叫ぶんです。そしたら母親がびっくりして走ってきて抱きかかえるわけですね。私がいじめ

離乳期の赤ん坊のフィンパー・スクリーム（泣き叫んで母親を呼ぶ）

たように見えたのです。するとカタビはその隙に、やはりおっぱいを吸っているんです。子供とはいえ、かなりしたたかです。

しかしなんで私を利用したのかなと思ってね。普通は彼らの近くに人間なんていませんから。そしたらこんなことがあったんです。マシサという名前の、大人になりかけの若いオスがいたんですが、カタビはそのマシサのところに行って、またワーッとやったわけです。そうやっていかにも自分がマシサにいじめられ危険な目にあっているように見せて、お母さんの気を引くわけですね。

しかも、この戦術はカタビだけの発明ではないことがわかりました。ショパンやミチオと名づけたオスがやはり離乳期に私に襲われたかのように泣き叫んだのです。母親をたらしこもうとするこの程度のテクニックはチンパンジーにとって朝飯前というより、生来のもののようです。

お姉さんのいじわる

それからこれは騙しというよりからかい遊びみたいなものですが、見ていて非常に面白い例がありました。

チンパンジーがコロブス狩りをやった後は、もちろん肉や内臓は全部食べるんですが、毛皮はさすがに硬いので残るんです。それをまた大人のオスやメスが噛んだりしがんだり引き裂いたりして、だんだん細いものになったりするわけです。これは子供にとってはオモチャのようなものらしく、欲しくてたまらない。

そういうのが大きなままで残っている時もあって、それをトゥラという一〇歳ぐらいの若いメスが拾ったんです。そしたらリンタという三～四歳ぐらいの子供のオスがそれを欲しがって、なんとかもらえないかなと思って、トゥラの後をついてまわるのです。

するとトゥラは木に登って、ついてきたリンタに向かって、枝に座って上からその皮を垂らすわけです。そしたら下のリンタは一生懸命二足で立ち上がって、皮を取ろうとする。でもトゥラはそのたびにヒョイと引き上げて取らせない。「あーげない」っていう感じです。

それを何回もやっているうちに、リンタがついに飛びついて端をつかんでね。そしたらトゥラは悲鳴をあげて皮を振り回してましたね。

トゥラは内心はその皮をリンタに与えたくないから、悲鳴をあげたわけです。つまりトゥラはリンタの気持ちを読み取っていて、その心をもて遊んでいたんです。「いやあ、こんなことをやるのか」と思って、面白かったですね。これは、「騙す」と「からかう」をあわせたような行動です。「からかう」というのも高度な心理かもしれません。

興味深い「落ち葉かき遊び」

彼らの遊びの例を言いますと、これは私としては比較的最近見つけたものですが、四つ足で後退して両手で枯葉を引きずっていくのです。落ち葉かきみたいなことですね。枯葉をずーっと引きずって、すごく大きな塊になるまで集める。後はそこに寝転んでころころ転がったり、バーッとまき散らしたりして遊ぶんです。

それは枯葉が地面にたまっている時期に限られる遊びなのです。今まで見つけられなかったのは、子供を研究対象にした人が少なかったからかもしれません。あるいは、私たちが観察路をずっと維持してきたので、この遊びがやりやすくなった、つまり比較的最近始まった遊びのレパートリーかもしれません。マハレのそのあたりは半落葉樹林と言って、常緑樹と落葉樹が混ざった森林なんです。五月中旬ぐらいから乾期で雨が降らなくなるので、落葉樹の葉が落ち

落ち葉かき

始めて、どんどん枯葉がたまってくる。一番多くなるのが八月から一〇月で、そういう時にその遊びをやるわけです。雨が降り始めると、葉っぱがくっついてしまい、音もしなくなりますので、この遊びは一〇月中旬以降は見られません。

私がそれを実際に見たのは一九九九年ですが、実は八九年にテレビの撮影隊が来ていて、偶然その様子を撮影しているんです。だからおそらく一〇年以上は続いている行動でしょう。

この遊びの話をしたのにはわけがあって、遊びを専門に研究している専門家によると、遊びは「モノ遊び」と「社会的遊び」と「運動遊び」の三つにだいたい分けられるというんですね。

ところが、この「落ち葉かき」はその三つの性質を兼ね備えているんです。まずころころ転がったりするので「運動遊び」の要素があります。それから落ち葉というモノを持ってやるから「モノ遊び」でもありま

お母さんの見ている前で三歳のオスが落ち葉かきをする

す。それからこれはたいてい小さい子供がやるので、そばにいるお母さんの顔を見ながらやっているんです。お母さんはそれを見ながら後からついてくる。そういう意味では「社会的遊び」の要素もある。その三つの性質を兼ね備えた遊びなので、非常に面白いなとおもったわけです。

普通は社会的遊びというとレスリングなど、二頭以上でやるものを指すんですが、この場合はお母さんと遊んでいるわけじゃないけど、お母さんが見ているところでやるわけです。あるいはお母さん以外でも、お母さんと親しいメスなど、自分と親しい年長の誰かいるところでやる。保護者とは限らず、遊び仲間がついてくることもあります。そういう意味では社会的遊びに近いわけです。たとえば人間がひとりでダンスしてみんなでそれを見ているという場合は、ひとり遊びとは言いませんからね。

ちなみに、チンパンジーの子供というのは、お母さんが自分の後ろからついてくるという状態が、非常に安心できる状態なんです。自分は前は見えるけど後ろは見えませんから、後ろにいるのはお母さんだということがはっきりしていれば、安心できる。だからお母さんと歩いている子供が悲鳴を上げたりするのは、お母さんの後ろにいる場合です。そうなると子供は何とかお母さんの前に行こうとしますし、お母さんも自分の前を歩かせるためにちょっと待ってやったりしています。

ビデオ使用の利点と問題点

それでその落ち葉かき遊びですが、ドイツにあるマックス・プランク研究所の中に、五〜六年前に人類進化研究所というのができました。そこでもチンパンジーの研究を中心的にやっていて、飼育下のものと野生のものと両方研究しているんですが、一度そこに呼ばれました。そのときに野生のチンパンジーの行動を研究している人が、各国からたくさん来ていたので、その機会を利用して、みんなにその落ち葉かき遊びのビデオを見せたんです。そしたらゴンベ公園の研究者以外はみんな「こんなの見たことない」と言ってましたね。

最近はそういう、地域に限られた行動とおもわれるものは実際にビデオに撮って、他の研究者に「見たことがあるか」と聞いて確かめるようにしているんです。ビデオをそうやって活用するようになってから、「この行動はこの地域固有の文化だ」という時の、客観性が高まったとおもいます。以前なら「どこにもそういう論文はない」という程度しかわからなかったわけですから。

それから今、チンパンジーのとる行動パターン、身振り、表情、姿勢についての詳細な研究を進めつつあるんですが、これにもビデオを大いに活用しています。たとえば、彼らは時々わざとあお向けになるんですが、このあお向け姿勢にも意味があります。

あお向けは寝るときの姿勢なので、リラックスしていることを意味します。年長の子が年下

股覗き、逆立ちなどは遊びの誘い

の子を遊びに誘うときは、あお向けになります。そうすると、年下の子は釣られるように年長の子の腹の上に乗っかっていきます。大人のオス同士やオスとメスも、まれに遊ぶことがありますが、そういうときもあお向けになってお互いに手や指を絡ませて、ハンド・レスリングやフィンガー・レスリングをします。指相撲みたいなものです。

また、人間もあお向けになって、子供を腕と脚で支えて持ち上げて「ヒコーキだよー」って遊びますね。実はこれは、アフリカの大型類人猿との共通祖先の時代からあったのではないかと考えられるんです。チンパンジーもボノボも同じことをやりますし、ゴリラもやります。ゴリラとなると進化の過程をさかのぼれば、ヒトとゴリ九〇〇万年前に分かれているので、ヒトとゴリラとの共通祖先も、寝転んで「ヒコーキ」をやっていただろうと考えられます。

遊びを誘う姿勢というのもバラエティに富んでいます。わざわざ逆立ちして、あるいは四つ足で「股のぞき」して、相手を見るのは遊びの誘いです。片足で地団駄踏んだり、手で地面を叩いたり、笑い顔（プレイ・フェイス）をして相手を押したり、年長になったら、石や枝を相手に投げるなど、それこそ何十という仕草が遊びを誘うのに使われます。

こういった身振りや姿勢の研究というのが、まだチンパンジーでは十分できていないんです。私も遊びにおけるいろんな姿勢などをビデオに撮って確認して、それをデータベースに入れるという作業を、院生に手伝ってもらいながら今一生懸命にやっているところです。

チンパンジーが延々と飽きずに遊び続けるのをビデオで再確認して文章にし、それをエクセルのデータにするというのは、なかなか大変な作業なんですけどね。そもそも、撮影をどこで切り上げればいいかという問題もありますし。便利になった分、確認や整理の作業も増えたわけで、痛しかゆしですね。

年上の子供が「手加減」する

二頭で木の周りをくるくる追いかけっこする遊びも面白いです。三頭の時もありますが、だいたい二頭でやってますね。お互いに前を走る相手の足をつかもうとするんですが、うまく逃げてね。するとどちらが追っているのか、追われているのかわからなくなるわけです。

でもその二頭に年齢差があるときは、年長の子供がわざと捕まったりしてますね。捕まったら自分からひっくり返ったりして。要するに自分が年齢が上で有利だからといって、一方的に勝っているとだめなのです。遊びが続かない。それでわざと負けてやるという感じですね。ところで、年長者がちょっと手を抜くのは、ヒヒやライオン、ミーアキャットでも知られており、「セルフ・ハンディキャップ」と呼ばれています。これは遊びを成り立たせる基礎の一つだとおもわれます。

年上の子供が遊んでやっているんですが、年上の子供の方も楽しんでいますね。小さい方は笑っていないのに、年上の方が笑っていることもありますからね。

「プレイ・パント」という声を笑いと呼んでいるんですが、ヒトの笑いとはちょっと違います。人間の笑いというと、微笑むというのとワハハと声を上げて笑うのとがありますが、彼らのプレイ・パントは、「ワハハ」の方の起源だという説があり、私もそれに賛成です。松阪崇久君（現在、日本モンキーセンター特別研究員）は、プレイ・パントは「もっとくすぐったりしてもよろしいよ」という意味、つまり「遊びを続けましょう」という意味があると言っています。たしかに、遊びをやめたいとき、幼ない方は悲鳴をあげます。

それから顔の表情もちゃんと笑顔になっています。チンパンジーと人間の表情の筋肉はまったく同じだそうです。他のサルでは筋肉が足りなかったりして、人間の笑顔のような顔にはならないらしいですが、チンパンジーは人間らしい笑顔で笑います。

チンパンジーもそういう子供同士の遊びの中で、運動能力や他のチンパンジーとのつきあい方を自然に身につけていくのでしょう。昼間はチンパンジーの親は昼寝しているのですが、その間子供はずーっと遊び続けています。もう本当に一時間も二時間も、よく飽きずに続けられるなとおもいますね。子供同士だけでなく、母親と子供も遊びます。

チンパンジーの母親は子供と遊ぶのが大好きです。子供が小さいうちは、口や手でくすぐるだけですが、子供が三歳を超えると咬み合いや上になり下になりのレスリングをやります。表現がおかしいですが、お母さんも「真剣になって」遊び笑っています。子供の手や腕を口に咥えて、引きずり回すこともあります。人間の母子がこんなに遊ぶのは私は見たことがありません。

子供が駄々をこねて母親を操作するのと同じように、母親も遊びを使って子供のやりたいことを制止することがあります。三歳の娘が第一位のオスに興味を持ち出し、オスに近づくためになん度もなん度も母親の膝元から抜け出そうとしました。そのたびに母親は腕をつかんだりして制止したのですが、子供はじっとしていません。すると、ついに母親は手や口で娘をくすぐり始めたんです。娘はプレイ・パント（笑い声）を出し始めました。こうして、母親は危険なボスに対する子供の関心を逸らすのに成功しました。

集団遊びは戦争の起源か？

それからこれは新しい発見と言うより、気づいたことなんですが、チンパンジーには「集団対抗遊戯」というものがないですね。

野球やサッカーのような、集団で対抗する遊びは私たちが一番興味を持つ遊びですよね。でもそういうのはどうも人間にしかない。もちろん、チンパンジーの集団は小さいので、ほぼ同年齢の子供が一〇頭も集まるというようなことはあまり考えられません。しかし六〇頭ぐらいの集団なら、少なくとも二対二ぐらいで、チームで対抗するような遊びは可能だとおもうんですが。

綱引きぐらいならやってもおかしくないようにおもいますが、やりませんね。

一対一で物を取り合っているのならありますが、複数のは見たことないですね。それに、チンパンジーでは、ものの引っ張り合いはたいてい遊びではありません。

四頭ぐらいで入り乱れて遊んでいることはありますが、それはよく見てみると年上の子供が一頭中心にいて、他の三頭を相手にしているといった感じですね。

前に『チンパンジーおもしろ観察記』という一般向けの本を出したのが九四年で、それからもう十数年になるわけですが、その間に子供の行動の発達を研究対象にしたので、遊びのビデオ映像もかなりたくさん撮りました。それでも、人間がやるようなチーム対抗の集団遊びというのは見られない。これは、人間が戦争をするということと関係があるんじゃないかとおもうんです。

チンパンジーの集団間の争いは他の霊長類の争いとは確かにちょっと違いますね。チンパンジーの集団同士の争いは、戦争の起源ではあると思いますが、人間の戦争とも違います。

基本的にはチンパンジーでも他のサルでも、縄張りの境界線まで来たらたいていはお互いに分かれて、やたらにケンカするわけではないんです。ただ、チンパンジーの場合はケンカするかどうかは数で決まります。こちらが数が多いと思ったら縄張りの境界線を越えて攻めて行くし、少ないと思ったら自分たちの縄張りの中心部に向かって逃げてしまう。それで逃げ遅れたやつは殺されることがあります。

それからチンパンジーは、場合によっては縄張りの奥深くまで入り込んで殺すこともあります。詳しくは見られていないんですが、今までウガンダやタンザニアの調査地で何回か、そういうオスの死体が見つかったことがあります。相手集団の縄張りの中まで入って行って殺すということは、他のサルにはないので、そのあたりはちょっと人間に似ているかもしれません。しかも、睾丸が陰嚢から飛び出しているのがときどきあるので、これは狙っているのですね。人間に「宮刑」という刑罰があるのを思い出させます。

とにかくチンパンジーでも、集団間の争いが非常に厳しいものであるということはわかっていますが、人間の戦争みたいに組織的にやっているわけではありません。戦いのリーダーがいるわけではありません。武器も使いません。そこが人間の非常に特殊なところだとおもいますね。戦争の起源は共通祖先にあるのでしょうけど。

それで集団遊びに注目しているわけですが、チンパンジーにも、それからゴリラや他のサルにも、私の調べた限りでは集団対抗遊戯はないですね。彼らの遊びに関する論文をかなりいろいろ見たんですが、どこにも書かれていない。

「ルール」を作って遊んだ例

キャッチボールや、サッカーみたいに蹴り合いするようなこともありません。ひとりでものを投げたり、寝転んで大きな果実を玉転がしのように足の上で回したりすることはありますけどね。一対一で、こっちは石を投げたら向こうは枝を投げたなんてことを一度だけ見たことがあります。しかし、グループではありえない。チームを作って二つに分かれるというのは、彼らにはむずかしいんでしょうね。

おそらく、同等のメンバーを揃えて、チームで対抗するというアイデア自体が浮かばないのでしょう。もちろん、対抗戦となるとルールも必要ですしね。

ただ、彼らにルールを考える能力がまったくないわけではないようです。というのは、飼育下のボノボの遊びで面白い例があるのをフランス・ドゥヴァールが書いています。ジャングルジムみたいなのを作っておいたら、五歳か六歳ぐらいのボノボの子供たちが、わざと手で目隠しをしてそのジャングルジムの上を移動していくというんです。片手も使えないし、目も見えないから危ないわけで、まあゴールは数メートル先でしょうけど、到着したら勝ちというような遊びが生まれたそうです。

ただ、四歳ぐらいの小さな子供は、目隠しの手をちょっとだけ開けて、下を見ながらやったりしているらしいです。つまり、ズルがあるのです。ただ一応「見ないで渡る」というような、彼らなりのルール作りの能力は持っているみたいですね。

飼育下だと彼らは退屈するので、そういう遊びを自然に考えるらしいですね。野生のボノボやチンパンジーではそんな遊びは見られていません。

集団遊びの話に戻りますと、そういう二対二ぐらいに分かれて対抗するというようなことが、そんなにむずかしいのかなと私たちにはおもえてしまうんですが、どうも野生のチンパンジーには見られない。

実験室でそういう実験ができないのかなとおもうんですが、そういう社会関係の実験はほとんどされていません。個別にいろいろやらせてみて、どういう能力があるかを確かめた実験はたくさんあるんですが。訓練するのがむずかしいんでしょうけれども、二頭ずつで分かれて綱引きするようなゲームをさせて、実験することができないかなとおもうんですけどね。

クリスチーナ（母）とクリスマスのレスリング

人間のいじめ問題の原因は

チンパンジーには他にもさまざまな遊びがあります。一歳以下の赤ん坊はひとりで遊ぶことしかしません。一歳を過ぎると、順番に小さな木に登っては飛び降りるといった遊びをやり始めます。また、片手で枝にぶら下がって、相手に触ったり、ひっぱたりという遊びもポピュラーです。もっと年長になると樹上で落とし合いをします。ぶら下がっている相手の手の指を一本ずつはがして落とすことまでやります。

二、三歳の社会的遊びで代表的なのは、追いかけっことレスリングですね。二頭で追いかけながら、木のまわりをグルグル回ります。一〇回以上も繰り返すこともあります。そしてその途中、決まった場所で、でんぐりがえしをします。一方が他方を捕まえると、しばらくレスリ

異年齢・異性のトングェ族の子供たちが一緒に山に入って
ドラセナの花を集めてきたところ

ングになります。

相手を傷つけたりすることはめったにありません。ただしたまに、遊びがケンカになったりすることもあります。レスリングしているうちにだんだん興奮してきて、噛みついてしまったり。すると噛みつかれた方が悲鳴をあげて分かれて、その場は終わってしまうんですが、すぐまた遊びだしますね。ケンカといっても、根のあるものではないということです。

最近、人間社会では子供同士のいじめが問題になっていますが、今のいじめ問題は、遊びやつき合いの経験が少ないせいだと私はおもいます。私たちが子供の時は学校の同級生以外にも、近所の年齢の違う子たちとも遊びました。小学校の町内会は、私が小学二年生だった時は、六年生二人、五年生一人、四年生四人……と、全員で一八人でした。学校から帰ると、学校の同級生とは違う、町内の仲間と遊ぶわけです。その中には兄弟もいます。それで小学校低学年の子には高学年の子が、遊びなんかを教えてくれたりして、自分が大きくなったらまた小さい子に教えて。まさに文化の継承ですよね。

それから私たちはしょっちゅう集団対抗遊びをやりましたが、今はそういうのが少なくなっているのではないでしょうか。私たちの遊び場は京都御所で、「Sケン」というのが大人気でした。大きなSという字を地面に描き、へっこんだ部分が陣地で、陣地の中では二本足を使って歩けます。しかし、そこから一歩外へ出るとケンケンしなければなりません。二ヶ所あるSの膨らんだ場所にそれぞれ石を置き、敵の石を取って味方の陣地に持って帰れば勝ちです。ケンケンしながら「公海」で敵と戦い、両足を地面に着いたらもう戦死です。

学校には午前六時に行ってドッジボールをしました。だいたい、今の学校の運動会では棒倒しや騎馬戦も禁止しているらしいですね。ああいうのが一番面白い、運動会のハイライトだったのにね。レスリングのような乱暴な遊びを禁止すると、いじめを制止したりするという能力が発達しないのかもしれません。

学校側の意識の問題もあるでしょうけど、やっぱり親が「危険なことをさせるな」とすぐクレームをつけたりするんでしょうね。

まったく危険のない面白い遊びなんて、ありえないですよ。野球だって硬球でデッドボール受けたら死ぬ可能性だってあるし、サッカーだって網膜剥離なんか起こしたりしますからね。

危険だから禁止なんて言っていたら、なにもできないですよ。

道具でもナイフを禁止したりしていますね。私たちの頃は誰でも「肥後の守」って、折りたたみナイフを持っていて、それでみんな遊びの道具も作ったり工夫したりしていましたからね。ああいうのを禁止するのも、子供をだめにしているんじゃないでしょうか。

「いじめ」という行動はなくすことはできません。共通祖先の時代からやっていることですから。しかし、減らすことはできますし、深刻な事態にならないようにすることはできます。それは、いじめられる子を見たら誰かが助けることです。同情するという心も共通祖先以来もっているのですが、それがうまく発揮できるには、社会的な練習が必要なのでしょう。社会的な遊びの中で、いじめられている子を放っておかないという態度が培われるのだとおもいます。いじめを止めさせる子供がいればいいわけです。一〇人当たり一人でも、そういう子供がいればよいのです。

大型類人猿としてのヒトの子供にも必要な、基本的なものが欠けているのかもしれませんね。とくに日本の現代社会には。

人間の集団社会の急変

いじめにしても戦争にしてもそうですけど、日本の社会の非常に大きな問題は、つい最近になって急に深刻化した気がしています。

人類の歴史を振り返ると、農耕が始まって文明社会ができて、都市ができて定住を始めて、それでいろんな問題が起きてきたことは間違いないでしょうね。戦争にしても狩猟採集民の時代よりも、農耕牧畜が始まった後の方が、おそらく頻度は増えているでしょう。

ただし戦争自体は、非常に昔からあったと思います。一部の考古学者は、戦争というのは最近人間が始めたものだと言っていて、極端なのは資本主義が生まれてから始まったなどという人もいますが、私はもっと非常に古いものだと思います。

ただ、非常に大きな社会構造の変化は、ごく最近起ったんじゃないかというのが私の考えなんです。日本の場合、それこそ一九五〇年代から六〇年代ぐらいに起ったと思います。要するにどんどんマンションなんかができて、家族がみんな孤立してしまった。

それまでは人間にも、チンパンジーと共通するような大きなコミュニティーというか、大家族みたいなものがあって、その中に親と子供という核家族が含まれていたのです。残念ながらチンパンジーの集団の中には母子家族しかないので、そこは大きく違いますが、もともとはあのような五〇～一五〇ぐらい個体数の、一つのグループというかコミュニティーのようなものがあって、その中に家族があったのです。

私の考えではヒトはそういう集団から始まって、集団の中のオスの間でオス同士の争いを減らすために「このメスはお前のもの」という形で一応権利を決めて分配したのではないかとお

トングェ族のンサロ（集会所）

もいます。でも基本的には共通祖先以来の大きな集団があって、その集団の中で家族に子供が生まれるということだったわけです。ですからその集団の中に年齢の異なる子供もいるし、他の子持ちの女性も何人かいるし、若い娘や青年が子育ての手伝いをする。

共通祖先以来の集団社会の崩壊

チンパンジーの集団でも、母親以外のメンバーがけっこう子供の遊び相手や子守りをします。

これはチンパンジーの集団に限らず、今のアフリカや東南アジアの人間社会でももちろん残っていますが、そういう手伝いをする過程で子育てを自然に学べるわけですし、母子になにか問題が起こっても、同じ集団の中に助けてくれる同輩や先輩などが、すぐ近くにいるわけですから。子育てというのは共通祖先以来、ずーっとそうやって来たはずなんです。

でも今はそれがもう、おじいさんおばあさんと一緒に住んでいない人が大部分ですし、兄弟姉妹は小さいときは一緒にいても、学校へ行って就職して別れてしまうという感じで、そういう親族のコミュニティーというのは完全に崩壊してしまいましたね。私は今起きている問題、例えばいろんな精神病が増えたり、自殺が増えたり、いじめや虐待の問題が起きたりというのは、すべてそのことと関係があるとおもっています。

もちろん昔からある大きな都会では、もっと前からそういうことがあったんでしょうけど、でも私が覚えている一九五〇年代ぐらいの様子でも、田舎ではまだやっぱりおじさんたちは同じ地域で近くに住んでいましたし、その地域はだいたいみんな親類だったとおもいます。一九五〇～六〇年代ぐらいまでは、結婚して自分の親元から都会に出ていても、子供を産む時には里に帰るのが普通でしたね。でも今はそれもなくなってしまって、病院で子供を産むようになった。

だから私は数百万年前の共通祖先から、あるいはそれ以前から続いていた習慣が、半世紀ぐらい前に突然崩壊して、それでいろいろな問題が一気に噴出してきたのではないかと、非常に強く感じています。

第9章　チンパンジーの森と地球を守るために

――持続可能な社会と地球人口問題

エコツーリズムで類人猿の生態に触れる

産地国で森林を伐採して木材を売ったり畑や農園にしたりということがこのまま続けば、大型類人猿は、間違いなく絶滅してしまうでしょう。

ただ今は「エコツーリズム」という形で、チンパンジーならチンパンジーの生息環境をそのまま残して観光客に見せることで、観光資源として活用しようという活動が活発です。観光客が森へチンパンジーを見に行けるようにすれば、森を切らなくてもお金がそこの住民に入ってくるわけですから。

餌づけといった手を全然加えない、野生の状態を見てもらいます。

それを一番最初にやった国はルワンダです。一九八〇年代の始めごろマウンテンゴリラを見に行くツアーを作ったのです。ルワンダは日本の四国ぐらいの大きさしかない小さな国ですが、ゴリラ・ツアーが今でも最大の外貨収入です。でも一度に大勢で行くとゴリラにストレスがかかるというので、ツアー客は一グループ六人に制限されています。それ以外にガイドなどもいますから、まあ一〇人ぐらいのグループですね。時間も一時間と決まっていて、料金は六〇〇ドルですから、けっこうな値段です。それでも観光客はみんなカメラ持って六〇〇ドル払って見に行くのです。

お金の話をするなら、そのツアー料金以外にももちろん観光客はホテルに泊まり食事もしますから、一人毎日七〇〇～八〇〇ドルというお金がルワンダという国に落ちるわけです。

それはものすごく大きな収入です。というのも、ルワンダは一人当たりの一年間のＧＮＰが二〇〇ドル程度なんです。日本の一人あたりのＧＮＰ三万五〇〇〇ドルと比べると圧倒的に少ない。

多くのルワンダ人は食糧を自給していて、それはＧＮＰには計算されませんから、数字が与える印象ほどは貧乏ではありませんが。でも年間二〇〇ドルを、一人の観光客が一日でポンと払う八〇〇ドルと比べてください。それは大きいですよね。

チンパンジーを見たことがなかった村人

そういうやり方で、自然環境、ひいては野生動物の保全をしていこうということですね。

これは単に楽しいだけではなくて、ヒトという生き物が他の生物とかけ離れた存在ではないことを知ってもらうという意義があります。西洋文明的な、人間は他の動物や植物をいくらでも利用していいという考え方ではなくてね。

このことは意外に知られていないとおもうんですが、チンパンジーの生息地の近くに住んでいるアフリカ人なら、チンパンジーのことをよく知っているとおもいますよね。ところが私が行ってみると、ほとんどの人はチンパンジーを見たことがなかったんです。

というのは調査を始めて半年ぐらいの時に、村人で「ちょっとお前について行きたい、一度もチンパンジーを見たことがないから」という人がいて。「ええっ、見たことないの」とおもってね。

人を見たらすぐ逃げてしまいますから、確かに知らなくても不思議ではないわけです。ちらっと見たことはあったり、木の上の高いところにベッドを作っているのを遠くから見たことがあったり、その程度の人はいても、詳しく知っている人はまったくいなかったわけです。果物を食べるということを知っている人はいましたが。

それで私のアシスタントをやった村人は「チンパンジーってこんなに人間に近いのか」って、みんな驚いていますよ。こうして村人が、チンパンジーに親しみをもつようになったことは重要です。それがチンパンジー保全の原動力になるのですから。

エコツーリズムの問題点と意義

マハレ山塊は一九八五年に、国立公園に指定されました。ちなみにこれは日本の援助によって海外にできた初めての国立公園です。

エコツーリズムもやっています。ルワンダのエコツーリズムを見たアイルランド人のビジネスマンが、チンパンジーでもやってみようというので、マハレに来てやり始めたんです。今ではアメリカやヨーロッパから、年間一〇〇〇人以上の観光客がやって来ています。

エコツーリズムって、いいことづくめのようにみえますが、そうともいえません。とくに気をつけないといけないのは、病気がうつる可能性ですね。人間と類人猿との間で伝染しうる病気は風邪、ポリオ、赤痢など百種類以上もあります。マハレ国立公園ではインフルエンザ様の病気で死んだチンパンジーが、二〇〇六年は一二頭もいました。環境省から「地球環境研究総合推進費」という研究費をいただいて、病原体はどんなウイルスか、果たしてヒトからチンパンジーへ病気が伝染しているのか、もしそうならどのような対策をとればよいかといったことも研究しています。

もし観光客がインフルエンザなどを持ち込んだら、それがチンパンジーにうつる可能性があります。ですから二〇〇六年から、とりあえずみんなマスクをするように決めました。私たち研究者はもちろん、アシスタントにも、観光客にもマスクをつけてもらっています。お客が減

エコツーリズム

るのを恐れて、観光業者はいやがりますけどね。

人間からうつる病気に注意する以外にも、問題点はあります。実は、マハレでも他の所でも、公園の利益が地元におりないで、中央政府の財源になってしまうという不満を住民は抱いています。チンパンジーの絶滅を回避するためには、地域の住民に利益がたくさん配分されなければなりません。もともと住民が生活のために利用してきた土地が、有無をいわさず「国立公園」として決められてしまうわけです。そして従来のように使うと、「密猟」、「密漁」、「盗伐」という名の罪をおかしたことになってしまうのです。ですから、エコツーリズムによる利益を住民に還元させる仕組みが必要です。一方、国の方も、公園を管理するためにはパトロール、無線、燃料、ガイドの人件費などお金がかかります。国と地方の両方の必要を満たすためのさまざまな工夫がたいせつです。

チンパンジーにストレスを与えたり、病気を移す可能性を減らすため、私たちはもっと観光客の人数を減らすべきだと言っています。その代わり、入園料あるいは「チンパンジー観察費」を高く設定する必要があります。入園料以外にチンパンジー観察料を一〇〇ドル取ったらどうかと提案していますが、国立公園公団は入園者が減ることを恐れて、現在入園料の七五ドルしか徴収していません。タンザニアは社会主義国なので貧乏な人が動物を見られないのは差別だし、民主主義に反するという意見もあります。しかし、タンザニア人の入場料は非常に安く設定されているのですから、「民主主義」というのは言い訳にすぎません。そもそも、公平さより種の絶滅の方が重要問題です。公園の管理運営と住民への利益還元の費用を維持するために、儲けすぎのアメリカの金持ちに大金を払ってもらってもまったく問題ないでしょう。

アメリカ人の金持ちは、日本の金持ちと違って、アフリカの秘境で類人猿を見るといったことを最高の贅沢だと考えているようです。まともな道も歩けないようなヨボヨボのおばあさんが杖に頼って一生懸命山を登り、チンパンジーを見ようと努力している様はすごく迫力があります。彼らにとっては一〇〇ドルも一〇〇〇ドルもたいして違いはないのです。

三年前、本当に歩けないおばあさんがチンパンジーを見に来たのには驚きました。私がチンパンジーを静かに観察していたら休んでいた五頭のチンパンジーが突然一斉に逃げて木に登ったりしたので驚きました。その原因は、担架で人が運ばれるという異様な光景だったのです。

彼女はアフリカ人を四人雇い、担架で運ばれて観光にきたのです。こういった人まで公園に入れるのは問題でしょう。チンパンジーを驚かせるだけでなく、大人のオスのチンパンジーが暴れて攻撃したら、防ぎようがありません。

自然な生息環境の中でチンパンジーやゴリラに出会うことは、人間の進化の事実を肌身で感じることにもなるわけですし、大型類人猿はもちろん、他のサルやいろいろな動物とその生息環境も残さないといけないと、多くの人に感じてもらう、そういう意義のある活動だとおもいます。ですから、やりかたさえ間違えなければ有効な自然保護活動の一つでしょう。

ヒトとチンパンジーと森の共生

現地の住民があまりチンパンジーを知らなかったということは、住民の生活領域と、チンパンジーの縄張りが、重なっていないことを示しています。

うまく共生しているという感じですね。とくに重要な点は、チンパンジーが、住民の主食であるキャッサバというイモを食べない、ということです。マハレのチンパンジーには地面を掘って地下器官を食べるという習慣がほとんどありません。それで軋轢がなかったのです。現地の人は、サトウキビやトウモロコシなど、茎をチンパンジーに食べられる作物は栽培をやめました。軋轢のもとを取り除いたわけです。

マハレの焼畑農耕は、すごくサイクルが長かったんです。四〇～五〇年ぐらいの。乾期の初めに森を伐採して、四～五ヶ月たつと乾期が終わって雨期が来ますから、雨季の一、二ヶ月ほど前の、植物が乾いていて燃えやすいときに火をつけて、その灰が肥料になるわけです。そこにキャッサバやヒエやトウモロコシなどを植えると、雨期になって雨が降ってきて、それが育つ。最初の灰だけであとは肥料を全然やらないので、その畑は二～三年ぐらいでもうだめになってしまうんです。生活力のある雑草などが増えてきて、どうしようもないから放棄して、次の森を伐っていくわけです。私はそういう放棄された農地を利用して、最初にサトウキビ畑を作りました。

でもチンパンジーにとっては、放棄されて何年かたった畑の跡地というのはむしろ、自分たちの食べられるエレファント・グラスや若いやわらかい葉っぱやツルができるので、好都合なんです。しかもそこにチンパンジーやいろんな鳥が糞をして、その中によく樹木の種が入っているので、そういうものが発芽して、植生が少しずつ自然に回復していくんですね。

それで人間の方は二～三年ごとに畑を作っては放棄するという繰り返しで移動して行って、元の場所に戻ってくるのは四〇～五〇年後ぐらいです。最低でも三〇年後ぐらいですが、三〇年もたったらそこはもう十分立派な森に戻っています。なのでまたそこに畑を作る、というサイクルなのです。

森林を伐採するといっても、先進国に木材や食料を輸出するための大規模な伐採ではなくて、

ヴォアカンガの実

自分たちの食料のためだけですから。しかもそこの人口密度というとだいたい一平方キロに一人ぐらいですから、森全体から見れば大したインパクトはありません。動物との共存には、人間の人口が少ないこと、これが必須です。

チンパンジーの糞に種が入っていて、それがまた芽生えてくるのでチンパンジーも森林の再生に一役かっています。

たとえば果皮の厚い大きな果実で、ヴォアカンガというキョウチクトウ科の実があります。他の小さなサルだとうまく食べられなくて、種ごとその場に落としてしまうようなものでも、チンパンジーならうまく皮をむいて果肉ごと種を呑みこむんです。するとなにが違うかというと、その場に落ちてしまった果実は、森の中の他の木もある場所で発芽しますから成長しにくいですし、他の場所に森を広げる作用もないのです。

チンパンジーの糞から発芽したコーディア

その点チンパンジーは長距離移動しますから、種が遠くまで運ばれる。しかも彼らは森を越えて、さっき言ったような森が伐られた、人間の畑の跡地みたいな所に行っても糞をするので、中の種がうまく発芽して育てば、森の再生に役立つのです。

チンパンジーは毎日食べ物を探して数キロ移動しますし、長い時には一日一〇キロぐらい歩きますから、そういう意味ではかなり広範囲の環境再生に役立っているのではないかとおもいます。

贅沢になりすぎた先進国の生活

最近は多くの人が「持続可能な社会」ということを言うようになりましたけれども、「持続性のある開発」とか「持続性のある経済成長」とか無意味なフレーズが氾濫しています。実業界や経済学者は、自分の国の企業の持続性だけ考えていて、途上国がますます貧困化していることには無関心ですね。持続性のあるライフスタイルを考えれば、日本も含め今の先進国でのライフスタイルはあまりにも贅沢すぎますよね。

私はアフリカでの調査の初期の頃に、一坪ぐらいの小屋に一年間住んでいたことがあります。小屋の中にはベッドと小さな丸テーブルがあるだけでした。ベッドに腰掛ければ椅子もいらない。それにベッドから手を伸ばせば何にでも手が届くから、便利なものです。人間ってそれだけでも十分暮らせるんです。

トイレは近くの畑でするわけです。都合のいいことに大便をしても、すべてスカラベ（フンコロガシ）というコガネムシが片づけてくれるので、便所なんてなくても小屋の周りは清潔なものでした。彼らにとってはエサですからね。用を足そうと構えたとたんに飛んできて、お尻の下で待ち構えていたぐらいです。ちり紙もシロアリが一晩で片づけてくれます。もちろん、一人暮らしだから許されることですが。

とはいえ、一億人が狭い日本でそんな生活に戻るのは不可能です。日本社会としてはせめて一九六〇年代ぐらいの、まだ贅沢から遠かった時代に戻るべきではないかとおもいますが、反対の人が多いでしょうね。その年代のライフスタイルを知っている人間も、これからどんどん減っていくわけですし。

ただやっぱり、こんな贅沢な生活がいつまでも続くとは思えませんね。経済学者は経済成長率のことばかり気にして、まだ成長できると言っていますが、私から見るとまったく信じられない話です。その陰で熱帯雨林や、それからシベリアの森林ものすごい勢いで伐採されていっているわけでしょ。アフリカの木材までがどんどん日本に輸出されていますからね。

動植物だけではありません。熱帯雨林にも住民が住んでいるのに、彼らの生活の根拠を奪っています。日本の国土の六〇パーセント以上は森林で覆われているのに、他国の森林を伐採しています。これは犯罪的です。

日本は大量の食物を外国から輸入し、食物の自給率は三九パーセントです。誰もが人口増大を予想しているのに、車やカメラ、パソコンなど高価な商品が売れているからという理由で、貿易自由化万歳を叫んでいます。しかし、日本だけが神の国でない以上、いずれ高価な商品の売り上げは落ち、一方食料の値段は高騰するでしょう。日本の政府と経済界は、途上国の人々の生活を犠牲にしているだけでなく、長期的に見れば日本人の生活基盤も崩壊させようとしています。

海のサンゴ礁とともに、熱帯雨林は多様な生物の宝庫です。ですが、そういう生物多様性の豊かな場所が今どんどん壊滅していっている。テレビは、最後に残った熱帯雨林を放映するので、茶の間ではまだまだ自然は豊かに残っているという印象を受けてしまいます。

そういうものを食いつぶしながら、先進国では贅沢な生活をしているわけです。欧米と日本、そして、アラブ首長国連合など石油王国も仲間入りしました。ブリックスといわれているブラジル、ロシアや中国、インドなども贅沢組に参入してくるのですから、資源はいくらあっても足りません。

生物多様性保全のためには、少子化歓迎

だから私は少子化は歓迎すべきだとおもいますよ。生物多様性にとって一番有害なのは、間違いなく先進国の人口の多さでしょう。

環境問題だけでなく、未来の人間にとってもそうですよ。人間が増え放題だと、生物多様性はどんどん壊滅していく。とくに先進国の人間が増えるとね。

もちろんアフリカの人口増加も問題ではありますよ。タンザニアなんかは人口増加率は年に三パーセント近いです。三パーセントといったら二十数年で人口が二倍になる、そのぐらいの数字です。

ただ一人当たりが使う資源を考えれば、タンザニア人は日本人の十分の一もないですよ。タンザニアの田舎では、品質の悪い紙でできたノートさえ買う金がなく、石板を使っているのです。ですから地球環境を考えれば、まず先進国の人間が減ることが大事なはずです。

日本では今、少子化対策しなければなどとみんな言っていますが、いったいなにを言っているのかと思いますね。かつて日本は人口の増えすぎの方を問題にしていて、堕胎を合法化した。それがやっと成功したというのにね。中国では一人っ子政策という、普通の民主主義国家では

無理な思い切った政策をやったわけですが、日本ではそんなことしなくても出生率が一・三を切るまでになった。これはもうバンバンザイのはずですよ。

結局少子化が問題だというのは、消費者が減って会社が儲からなくなるからという、経済優先の話なのです。政府から経済界から何から、すべてそれで議論が成り立っている。私はそれが不思議で仕方ないです。大新聞はすべて外国から労働者を入れろ、と声高に主張しています。それは、労働者を輸出する国の人口増大に貢献するだけです。そのうえ、外国人を大勢入れれば、ヨーロッパのように社会的混乱が起ります。

年金が足らなくなるからと言っていますが、これは年寄りや女性に仕事場を与えることによって解決すべき事柄です。労働は健康をもたらし、医療保険の赤字も減るでしょう。「高齢者」の定義も、七五歳以上にすべきでしょう。それまでは、市バス代など無料にすべきではありません。

ただ一つ、日本の少子化で問題にすべきは、近年「規制緩和」という名で、使用者側が労働者を簡単に雇用・解雇できるようになったことです。失業者が三〇〇万人を超えました。それを利用して、契約労働やパート、派遣社員といった身分の安定せず、賃金も極端に安い仕事しか若い人に与えない会社が増えています。彼らは子供を作るどころか結婚もできません。労働契約については規制を強化すれば、人口減少は緩やかになり、日本社会はゆっくり対応ができるでしょう。外国人を大勢入れる必要はありません。

多様性のない地球では意味がない

江戸時代は日本の人口はだいたい三〇〇〇万人ぐらいだったと言われています。つまりそのぐらいの人口なら、日本は自分の国の農業だけでやっていけるということです。もちろん今は江戸時代より農業技術ははるかに進歩していますから、五〇〇〇万人ぐらいでも大丈夫だろうと思いますけど。

ある東大の先生がテレビで「コメは野菜の一種だと考え、安い外国のコメをどんどん輸入したらよい」と言ってましたが、輸出に頼る産業界の意見を代弁するだけの学者は恥ずかしい存在です。第一に、将来、世界人口がもっと増えたとき、日本が安い食料を買い続けることができなくなるというリスクをまったく考えていません。第二に、「車を輸出し、食べ物は輸入」という政策は、車や先端的な商品を多量に輸出しつづけられることが必須条件ですが、こちらの保証もありません。車の輸出はアメリカが独占していたのが、日本が追い抜こうとしています。しかし、このことは日本がいずれどこかの国に追い抜かれるという可能性を示しています。たった、この二つのことさえ考えられない人間は学者とはいえません。要するに、こういう御用学者を重用する政財界は、数年先の将来しか考えていないのです。五〇年、一〇〇年先のことを考える政治家や実業家は皆無のようです。

一億の人口を維持する必要はまったくありません。世界的に見ても、人口数百万人の国なんていくらでもありますしね。ノルウェーやスウェーデンなどもそのぐらいですが、国際的に立派な役割を果たしています。

結局これは地球全体の問題なんです。人口問題というのは国際間の最重要テーマとおもうのですが、国連では議論するのがむずかしいんです。先進国は後進国の人口増加率が高いことを問題にしますし、後進国は先進国の高い人口密度と資源の浪費を批判します。しかし、地球の人口が少ないことは、どこの国でも将来の人間にとって好ましいことは間違いないのです。

「人の命は地球より重い」という言葉がありますけど、いったい誰がそんなこと言い始めたんでしょうね。地球がなければ人間の命なんてないわけですから、誰がどう考えたっておかしな話ですよ。しかもこれは人の命ばかりが重要視されて、他の動物や生物がすべて無視されている。地球は当然、人間のためだけのものではないのにね。

他の多様な生物がいないと、人間の存在も危ういはずなのに生物多様性に反対している人もいるんですよ。ある医学系の学会の懇親会で「人間が生きていくためには他の生物は一〇〇種類ぐらいあればいいんだ」なんて、極端なことを言う人に会ったことがあります。

今は一〇〇億の人口を生かすにはどうするかを考えている人がいっぱいいるんです。森林を全部切って農業をやれば、一平方キロメートルに三〇〇人も四〇〇人も住めるじゃないかと言うのです。それは「人の命は地球より重い」というのと同じで、とにかくできるだけ大勢の人間が生きられればいい、と考えているのです。

人生観の違いということもあるのでしょう。人は自分の意思で生まれたわけではないので、人生には目的はありません。人生は個人個人が意味づけをするものです。だから、人によって人生の意味づけは異なります。コンセンサスの得られる人生の目的はなんでしょうか。「他人に迷惑をかけない範囲で楽しく生きること」というのはどうでしょう？　これは誰でも受けいれられる意味づけとして、反対はないでしょう。

楽しく生きるためには、ヒトという種が進化した環境で身につけた快感が満足される必要があります。きれいな飲み水がある、おいしい食べ物がある、大勢の親しい親族と一緒に住む、仲間と遊ぶことができる、仲間にほめられる、仲間に頼りにされる、などとともに「緑がある」、「さまざまな動植物がいる」といったことも、快感をもたらす素なのです。

世界中のどの民族も独自の分類学をもち、これは「民族分類学」と呼ばれます。自然環境から、食物だけでなく、木材、衣類、ヒモ、油脂、香料、薬品、鉱物など、これほど多様な品々を取り出して使う動物はヒトだけです。複雑な環境の分類は、ヒトの脳を大きく拡大させた理由の一つです。だから、多様な生物が存在することは、人間にとって非常に重要なのです。だいたい、いろんな生き物がいないような地球で生きていても、面白くありません。トンボやツバメがいない地球にすんでいてなにが楽しいのでしょうか。

人間に非常に近い大型類人猿は環境を破壊しないのに、なぜ人間だけがそんなことをするようになったのか。前に言った、共通祖先以来の社会が最近になって崩壊したという問題となら んで、こういう問題は非常に重要なテーマだと思います。

ヒトの移動能力が大きくなったことが、そもそもの原因でしょう。ヒトはさまざまな環境を利用します。一日でサバンナを越え、森林に入り、そして山岳に登ったりします。つまり、「広棲性」の動物です。それゆえ、いろんな環境に適合できます。どうやら、人間は生まれ育った環境の景観に刷り込まれるようです。つまり、森の中で生まれ育った人は森を故郷とおもうし、サバンナで育った人はサバンナが故郷です。ゾウがこういった性質を少し持ちあわせています。ゾウは森をサバンナに変えてしまっても平気です。

人間はコンクリートジャングルに生まれれば、そこにでも住めるのです。だから、お金のために森を切って砂漠のようにしてしまっても、あまり悲しまないのではないでしょうか。人間が狩猟採集時代に培った景観本能といったものはなく、本能の神経回路に入っているのはきれいな水、豊富な食料、樹木や潅木といった細切れの環境要素なのかもしれません。

メソポタミア、ギリシャ、ローマ、インダス、マヤなど古代文明の崩壊は、農耕の失敗による土壌流出であることが明らかにされています。それでも、人間が自分の力で環境を破壊できる程度はしれています。

現代の破壊は、「広棲性」とさまざまな道具に加えて、豊富で安価な石油のせいですね。古代文明のときと違って、現代文明の崩壊はもう逃げ場がありません。大陸を横断しても、海を渡っても、もうフロンテイアというものがないのです。私が子供時代に夢見た、アマゾン、インドネシア、アフリカはもうほとんど残っていません。生物の最後の砦である熱帯降雨林がもう風前の灯火です。

参考文献

この本は、インタビューによって興味をもたれそうな一般向の話題を選んで書かれたものである。もうすこし突っ込んで知りたい方のために、マハレのチンパンジー関係の邦文の書物を挙げておく。

1. 伊谷純一郎『チンパンジーを追って』筑摩書房、一九七一年
2. 西田利貞『精霊の子どもたち』筑摩書房、一九七三年
3. 伊谷純一郎・西田利貞・掛谷誠『タンガニーカ湖畔』筑摩書房、一九七三年
4. 大塚柳太郎・田中二郎・西田利貞『人類学講座25　人類の生態』共立出版、一九七四年
5. 伊谷純一郎（編）『チンパンジー記』講談社、一九七七年
6. 伊谷純一郎（編）『人類学講座2　霊長類』雄山閣、一九七七年
7. 渡辺仁（編）・『人類学講座12　生態』雄山閣、一九七七年
8. 西田利貞『野生チンパンジー観察記』中央公論社、一九八一年
9. 上原重男『チンパンジーの世界』岩崎書店、一九八二年
10. 伊谷純一郎『チンパンジーの原野』平凡社、一九八六年
11. 早木仁成『チンパンジーのなかのヒト』裳華房、一九九〇年
12. 西田利貞・伊沢紘生・加納隆至『サルの文化誌』平凡社、一九九一年

13. 立花隆（編）『サル学の現在』平凡社、一九九一年
14. 西田利貞『チンパンジーおもしろ観察記』紀伊国屋書店、一九九四年
15. 西田利貞『人間性はどこから来たか』京都大学学術出版会、一九九九年
16. 西田利貞『動物の「食」に学ぶ』女子栄養大学出版会、二〇〇一年
17. 西田利貞（編）『ホミニゼーション』京都大学学術出版会、二〇〇一年
18. 西田利貞・上原重男・川中健二（編）『マハレのチンパンジー――《パンスロポロジー》の37年』京都大学学術出版会、二〇〇二年
19. 伊谷純一郎『伊谷純一郎著作集2　類人猿を追って』平凡社、二〇〇八年

なお、詳細な和文・英文の出版目録は、二〇〇二年までは18番の本に掲載されており、その後の出版はマハレ野生動物保護協会のホームページに掲載されている。ぜひ、http://mahale.web.infoseek.co.jp/index.html　をお訪ねいただきたい。この協会は、毎年二回ずつ、『マハレ珍聞』と〝Pan Africa News〟を発行しており、マハレなど野外調査地のチンパンジーとビーリヤ（ピグミーチンパンジー）のニュースを掲載し、また研究者、保全関係者の情報交換の広場を提供している。会費は年三〇〇〇円で、一般の方がたの加入を切望している。会費は、出版事務費以外は、マハレの野生動物保護のために使われている。

あとがき

本書は、「いのちの科学を語る」シリーズとして、山岸秀夫先生のお勧めでできた本である。二〇〇六年の秋と二〇〇七年春に、私のオフィスで四回、菅原努先生のオフィスで一回、私は山岸先生と文章師の萬野裕彦さんのインタビューを受けた。毎回三～四時間くらいは費やしただろう。そのインタビューを録音した結果を萬野さんがまとめて文章にされたのが七月だった。その後、私はマハレへ一ヶ月出かけたりしたので推敲が遅れた。

インタビューが本になるのは、私にとって初めての経験である。たいへん読みやすいと感心した。ただ、後で私が文章をかなり追加したので、折角読みやすかったのが章によっては台無しになったかもしれないと心配している。読みにくい部分があるとすれば私の責任である。

マハレのチンパンジーについて一般向けに書いた前著は紀伊国屋書店から一九九四年に出版した『チンパンジーおもしろ観察記』である。チンパンジーの食物の味については、最近の観察を二〇〇〇年に出版した『動物の「食」に学ぶ』（女子栄養大学出版部）に記したが、その他の行動についてはその後一三年間の蓄積がある。そのうちどのテーマを取り上げるかは、山岸先生、萬野さんと私が議論して決めた。

　この一三年間、マハレの野外調査に参加したのは、故川中健二、故上原重男、乗越皓司、早木仁成、マイク・ハフマン、リンダ・ターナー、ジョン・ミタニ、保坂和彦、松本晶子、小清水弘一、大東肇、福田史夫、中村美知夫、五百部裕、伊藤詞子、佐々木均、ビル・マックグリュー、リンダ・マシャント、和秀雄、坂巻哲也、ナディア・コープ、座馬耕一郎、クリストーフ・ボッシュ、ジェームズ・ワキバラ、沓掛展之、松阪崇久、藤田志歩、島田将喜、西江仁徳、中井将嗣、井上英治、藤本麻里子、花村俊吉、清野未恵子、郡山尚紀、稲葉あぐみ、の皆さんである。これらの研究分担者・協力者からは、さまざまなご教示を得たし、キャンプの維持にご協力を得た。

　また、このうちフィールドワークをもともにした二五人の方々にはキャンプでたいへんお世話になった。なかでも最近相次いで亡くなった川中、上原両氏は、三〇年以上マハレのチンパンジーの研究をともにしたかけがえのない同志であった。何度もチンパンジーを撮影に来られ貴重な映像を撮影されたイースト撮影隊の故森政康、松谷光絵の両氏、大津和美氏、アニカプロダクションの麻生保、中村美穂の両氏には、ビデオ映像を研究に使わせていただいただけでなく、個々のチンパンジーの行動についても多くの教示を受けた。献身的にシリーズ編集を進められた山岸先生からは、何度にもわたって適切な助言をいただいた。コメントを活かしきれたかどうかは自信がないが、この本の出版は先生のお勧めがなかったら決して実現しなかっただろう。東方出版の北川幸さんには有益なコメントをいただき、内容が大いに改善された。坂巻哲也さんにはビデオからの静止画像を、稲葉あぐみさんからは写真を使うのを許可していただいた。

本書のもとになる野外研究は、文部科学省と日本学術振興会（科学研究費補助金課題番号07041138、12375003、16255007、19255008）、国際協力事業団（専門家派遣）、環境省（地球環境研究総合推進費F―061）、LSBリーキー基金などの支援によった。これらの方々と援助機関に深く感謝する。

二〇〇七年四月二一日に九二歳で母泰が亡くなった。彼女はお嬢さん育ちだったが、自分にはなにも欲しがらなかった。食べ物がなかった戦後の厳しい時代、子供たちには食べさせ、自分はわずかしか食べなかった。なにかにつけ心配はしたが、子供が自分のやりたいことをはっきりさせたら、好きなようにさせてくれた。父は子供の意思を抑えつけようとすることが多かった。大学に入ってからも、私が山登りや旅行するのを父はいつも反対した。「そんな金や暇があったら勉強に使え」というのが父の言い草だった。母は黙っていきなさい、と言って送り出してくれた。

旅行を許したことで母が父にこっぴどく叱られるだろうということを知っていながら、私は

「探検」に出かける誘惑には勝てなかった。心配しながらも、母は楽天的だった。慈愛に満ちたとは母のことを指すだろう。伯父つまり父の次兄は父とは似ず、趣味人だった。母のことを「泰さんは観音様のようだ」と漏らしたことがあった。本書を長唄と歌舞伎が好きだった母に捧げる。

高野川にオナガガモの帰ってきたのを確かめながら　二〇〇七年一一月

西田利貞

「いのちの科学を語る」シリーズについて

本シリーズは、財団法人体質研究会と財団法人慢性疾患・リハビリテイション研究振興財団（健康財団グループ）の「いのちの科学プロジェクト」編集委員会が企画・編集を行っている。「いのち」をテーマに、文理の枠にとらわれず最新の科学を取り入れて、著者が読者に話しかけ一緒に考えることを目指して刊行している。なお、本出版物は、当健康財団グループより助成を受けている。

西田利貞（にしだ としさだ）

1941年千葉県市川市生まれ。

1963年京都大学理学部動物学教室卒業、1969年京都大学大学院理学研究科部動物学専攻博士課程修了、理学博士（京都大学）。

1969年12月東京大学理学部人類学教室助手、同講師、助教授を経て、1988年４月京都大学理学部動物学教室教授。

2004年３月京都大学大学院理学研究科停年退官。2004年４月京都大学名誉教授、（財）日本モンキーセンター所長、現在に至る。

国際霊長類学会会長（1996-2000）、日本霊長類学会会長（2001-2005）、国連環境計画（UNEP）大型類人猿特別大使（2001-）、マハレ野生動物保護協会会長（1994-）などを歴任。

研究歴：1963-74年、野生ニホンザルの生態学的研究。1965年以来、タンザニアで野生チンパンジーの行動学的・社会学的研究に従事。他に、ピグミー・チンパンジーの予備調査、アカコロブスの採食行動、バンツー系焼畑農耕民の予備調査など。

受賞：ジェーン・グドール賞（1990）、大同生命地域研究奨励賞（1995）、国際霊長類学会生涯功労賞（2008）。また2008年秋には人類起源研究の分野で最高の賞とされるリーキー賞を受賞する。

著書に『マハレのチンパンジー』（京都大学学術出版会、2002）、『動物の「食」に学ぶ』（女子栄養大学出版会、2001）ほか多数。

いのちの科学を語る４
チンパンジーの社会

2008年９月３日　初版第１刷発行

著　者――西田利貞
発行者――今東成人
発行所――東方出版㈱
〒543-0052　大阪市天王寺区大道1-8-15
TEL 06-6779-9571　FAX 06-6779-9573
装　幀――森本良成
印刷所――亜細亜印刷㈱

ISBN 978-4-86249-128-2　乱丁・落丁はおとりかえいたします。